分布式
高可用架构之道

黄文毅 赵定益◎著

清华大学出版社
北京

内 容 简 介

本书从开发高可用系统需要具备的理论知识出发，逐步讲解应用的高可用、数据库高可用、缓存高可用、Nginx/LVS 高可用、异地多活、全链路监控/告警、高可用与安全、高可用在秒杀系统中的应用等内容，书中同时提供了大量有价值的解决方案，可直接用于开发实践。

本书理论与实践并重，适合具有一定 Java 开发经验的人员，或者想从程序员进阶为架构师的开发人员阅读。

图书在版编目（CIP）数据

分布式高可用架构之道/黄文毅，赵定益著. —北京：清华大学出版社，2022.5

ISBN 978-7-302-60650-5

Ⅰ．①分… Ⅱ．①黄… ②赵… Ⅲ．①分布式操作系统－系统设计 Ⅳ．①TP316.4

中国版本图书馆 CIP 数据核字（2022）第 068132 号

责任编辑：王金柱
封面设计：王 翔
责任校对：闫秀华
责任印制：朱雨萌

出版发行：清华大学出版社

    网　　址：http://www.tup.com.cn，http://www.wqbook.com

    地　　址：北京清华大学学研大厦 A 座　　　　　邮　编：100084

    社 总 机：010-83470000　　　　　　　　　　　邮　购：010-62786544

    投稿与读者服务：010-62776969，c-service@tup.tsinghua.edu.cn

    质量反馈：010-62772015，zhiliang@tup.tsinghua.edu.cn

印　刷　者：北京富博印刷有限公司
装　订　者：北京市密云县京文制本装订厂
经　　销：全国新华书店
开　　本：185mm×235mm　　　　印　　张：17　　　　字　　数：421 千字
版　　次：2022 年 7 月第 1 版　　　　　　　　　　印　　次：2022 年 7 月第 1 次印刷
定　　价：89.00 元

产品编号：093204-01

前　　言

高可用（High Availability，HA）是分布式系统架构设计中必须考虑的因素之一，也是成为一名优秀的架构师必须具备的知识，系统的可用性在过去、现在和未来都是架构领域最重要的一个环节，在大型分布式系统中，一个小模块设计不好、可用性差都可能影响用户体验，给企业带来损失。因此，掌握高可用相关技能和理论知识对于个人和企业都有莫大的好处。

本书从开发高可用系统需要具备的理论知识出发，逐步讲解应用的高可用、数据库高可用、缓存高可用、Nginx/LVS 高可用、异地多活、全链路监控/告警、高可用与安全以及高可用在秒杀系统中的应用等内容。

本书理论与实践相结合，融入笔者近十年开发经验，其中提供了大量解决方案和代码实现，尤其对于有一定 Java 开发经验，想进一步提升开发技能，甚至进阶到架构师的程序员有较大帮助。

本书结构

本书共 9 章，以下是各章的内容概要：

第 1 章主要介绍 SLA 与可用性、FMEA 理论、集群与分布式以及学习高可用需要具备的理论知识，例如 CAP 理论、选举算法、共识算法及一致性算法等。

第 2 章主要介绍影响软件质量的因素、应用的优雅关闭与启动、无状态服务、重试、幂等、健康检查、流量削峰、负载均衡、限流、熔断、降级、故障检测、故障隔离、集群容错以及集群部署等内容。

第 3 章主要介绍数据库高可用，包括数据库高可用概述、双节点 MySQL 高可用架构（MMM、基于 MHA 实现 MySQL 自动故障转移、MySQL Cluster 架构、MySQL + DRDB + Heartbeat 架构、云数据库高可用架构）、MySQL 一主多从数据同步案例等内容。

第 4 章主要介绍缓存高可用，包括客户端分区方案、中间代理层方案、服务端方案（主从模式、哨兵模式、Redis 集群模式、Codis 和 Redis 集群的区别以及云数据库 Redis 等内容）。

第 5 章主要介绍 Nginx/LVS 高可用，包括 Nginx 概述、Nginx+Keepalived 保障高可用、LVS 概述、Nginx+Keepalived+LVS 保障高可用/高性能、DNS 概述、DNS 解析过程、DNS 负载均衡、DNS+LVS+Nginx+Keepalived 等内容。

第 6 章主要介绍异地多活概述、异地多活类型（同城异地多活、跨城异地多活、跨国异地多活 3 种类型）。

第 7 章主要介绍监控，告警概述、日志监控/告警方案、资源监控/告警方案、链路追踪监控等内容。

第 8 章主要介绍高可用与安全、DoS 攻击类型与防护以及相关安全产品/工具。

第 9 章主要讲解什么是秒杀、最简单的秒杀系统、秒杀系统业务层面控制、CDN 静态资源缓存、LVS/Nginx 高可用设计、服务拆分/隔离设计、流量削峰/限流/降级、热点数据处理、减库存、容灾以及秒杀系统安全架构。

本书使用的软件版本

本书项目实战开发环境如下：

- 操作系统 macOS。
- 开发工具 IntelliJ IDEA 2021.1。
- JDK 使用 1.8 版本。
- 其他主流技术使用新版本。

读者对象

- 有一定 Java 开发基础的大学生、程序员。
- 想从程序员进阶为架构师的开发人员。
- 对高可用感兴趣的开发人员。

致　谢

感谢笔者的家人，感谢他们对笔者工作的理解和支持、对笔者生活无微不至的照顾，使笔者没有后顾之忧，可以全身心投入本书的写作中。

感谢笔者的工作单位厦门海西医药交易中心，公司为笔者提供了宝贵的工作、学习和实践的环境，书中很多的知识点和实战经验都来源于所在工作单位，也感谢与我一起工作的同事，非常荣幸能与他们一起在这个富有激情的团队中共同奋斗。

最后，感谢清华大学出版社以及本书的编辑老师，本书能够顺利出版离不开他们及背后的团队对本书的辛勤付出。

由于水平所限，书中难免存在疏漏之处，欢迎读者批评指正。若有意见和建议，可以发送电子邮件至 booksaga@126.com。

黄文毅

2022 年 02 月 05 日

目　　录

## 第 1 章

理解高可用

本章主要介绍SLA与可用性、FMEA理论、集群与分布式，以及学习高可用需要具备的理论知识，例如CAP理论、选举算法、共识算法以及一致性算法等。

1.1 什么是可用性

1.1.1 SLA 与可用性

当我们谈到高可用（High Availability，HA）时，都会聊到可用性。那么，什么是可用性？如何来定义可用性呢？我们知道，任何东西都有不可用的时候，比如，再好的汽车（兰博基尼、法拉利、特斯拉等）都会有抛锚或者刹车失灵的时候；身体特别健康的人，也难免会感冒生病；即使是地球，也会有毁灭消失的一天；更何况是服务器/线上应用，除非把服务器搬到火星去，搬离太阳系。可见，我们没办法做到东西的100%可用性，只能做到高可用（<100%），越高的可用性，付出的代价越高。要防止汽车爆胎，车上可放置备胎，要防止多个车轮同时发生爆胎，需要准备多个备胎；要保证人一直保持健康，需要加强锻炼，养成良好的生活习惯，还要定期体检等。记住一句话：高可用必定带来高成本、高付出。

我们如何来量化服务/系统的高可用呢？"高"字不具体，甚至有些模糊。所以，就有了

SLA（Service-Level Agreement，服务级别协议，也称服务等级协议、服务水平协议）的概念。SLA是服务提供商与客户之间定义的正式承诺。服务提供商与受服务用户之间具体达成了承诺的服务指标——质量、可用性、责任。SLA常见的组成部分是以合同约定向客户提供的服务，感兴趣的读者可以自行学习。

概念总是抽象的，我们举一个具体的例子来说明。相信很多人都购买过云产品（阿里云、腾讯云、华为云等），比如阿里云的ECS服务器，在ECS服务器相关的文档中，可以找到云服务器服务等级协议等内容，这是阿里云服务提供商与客户定义的正式承诺，具体如图1-1所示。

服务可用性	赔偿代金券金额
低于99.995%但等于或高于99%	月度服务费的10%
低于99%但等于或高于95%	月度服务费的25%
低于95%	月度服务费的100%

图1-1　阿里云服务等级协议

那么，SLA该如何计算呢？

- 通俗的定义：SLA =可用时长/（可用时长+不可用时长）。
- 不通俗的定义：SLA =f（MTBF，MTTR）。

这里我们又引入了两个概念：MTBF（Mean Time Between Failures，平均故障间隔）和MTTR（Mean Time To Repair or Mean Time To Recovery，平均修复时间）。

- MTBF：平均故障间隔，通俗一点就是一个东西多长时间坏一次。
- MTTR：平均修复时间，意思是一旦东西坏了，需要多长时间去修复或者恢复它。

可见，提高SLA只有两个方法：一是提高系统的可用时长，二是降低系统的不可用时长。或者说，提高MTBF，降低MTTR。

SLA又可以分为年SLA、季度SLA、月SLA及周SLA等，说实话，年SLA除了客户赔款外，本身没有太大的实际意义，在项目中我们更加看中季度SLA、月SLA甚至周SLA。图1-2是分别计算不同的SLA在不同的时间周期所允许的宕机时间。

系统可用性%	宕机时间/年	宕机时间/月	宕机时间/周	宕机时间/天
90% (1个9)	36.5 天	72 小时	16.8 小时	2.4 小时
99% (2个9)	3.65 天	7.20 小时	1.68 小时	14.4 分
99.9% (3个9)	8.76 小时	43.8 分	10.1 分钟	1.44 分
99.99% (4个9)	52.56 分	4.38 分	1.01 分钟	8.66 秒
99.999% (5个9)	5.26 分	25.9 秒	6.05 秒	0.87 秒

图 1-2　SLA 计算表格

比如3个9，即99.9%，按照年统计，一年只能有0.01%的时间出现故障，即3.65天；按照月统计，一个月有30×24 = 720小时，一个月只能有0.01%的时间出现故障，即7.20小时。

读者可能会问，系统的SLA阈值设置为多少合适呢？

我们可以回过头来看看阿里云定义的SLA协议，具体如图1-3所示。

3. 赔偿方案

3.1 赔偿标准

(1) 对于单ECS实例，如服务可用性低于99.975%，可按照下表中的标准获得赔偿，赔偿方式仅限于用于购买ECS产品的代金券，且赔偿总额不超过未达到服务可用性承诺当月客户就该ECS实例支付的单实例月度服务费（不含用代金券抵扣的费用）。

服务可用性	赔偿代金券金额
低于99.975%但等于或高于99%	月度服务费的10%
低于99%但等于或高于95%	月度服务费的25%
低于95%	月度服务费的100%

(2) 对于以单地域多可用区部署的ECS，如服务可用性低于99.995%，可按照下表中的标准获得赔偿，赔偿方式仅限于用于购买ECS产品的代金券，且赔偿总额不超过未达到服务可用性承诺当月，用户就该ECS实例支付的月度服务费（不含用代金券抵扣的费用）。

服务可用性	赔偿代金券金额
低于99.995%但等于或高于99%	月度服务费的10%
低于99%但等于或高于95%	月度服务费的25%
低于95%	月度服务费的100%

图 1-3　阿里云 ECS 赔偿方案

从图1-3中可以看出，如果服务可用性低于99.975%，阿里云就要向客户提供具体的代金券金额赔偿，可见系统的SLA要达到4个9是非常难的。因此，系统的SLA阈值设置为4个9是一个比较合理的值。

1.1.2　影响高可用的因素

上一小节主要讲解了可用性以及如何去度量可用性,本小节主要讲解影响高可用的因素是什么，或者说是什么原因导致系统可用性差。导致系统不可用的因素有很多，如表1-1所示。

表 1-1 非高可用因素

服务器及数据库宕机	交换机宕机	服务器硬件故障
机房发生火灾	黑客攻击	发布新应用
网卡坏掉	光缆被挖断	地球毁灭
系统本身故障/Bug	应用升级发布/重启	单节点部署
测试力度不够	人员技术水平与职业素养	依赖开源 JAR 包问题
依赖中间件存在问题	代码质量	……

可以简单地将原因分为两种：外在因素和内在因素。

外在因素即系统以外的因素，比如机房发生火灾、光缆被挖断、地球毁灭等。

内在因素即系统本身的原因，包括系统依赖的资源（数据库、缓存、硬件资源等），比如服务器硬件故障、系统本身故障/Bug、系统依赖的中间件存在问题、数据库/缓存等宕机、发布新应用等，这里以具体实例进行分析。

- 服务器硬件故障：硬件故障导致服务宕机是必然会发生的事情，尤其是网站规模不断扩大，网站后台的服务器越来越多，硬件故障概率必然变大。
- 应用发布：应用发布新功能时，需要重新部署新的应用程序版本，这个过程需要重启应用，如果应用重启更新的过程中没做到无损发布，必然导致短暂的服务不可用。这种形式的不可用相比硬件故障更为常见。从可用性指标来看，这种频繁出现的停机升级过程大大增加了网站的不可用时间。因此，高可用设计必须提供可行的方案，将这种停机升级的影响降到最低。
- 应用程序问题：比如测试力度不够，导致存在Bug应用发布到线上。

由此可见，要保证系统完全高可用几乎是不可能的，只能尽力为之。

1.1.3 高可用策略

高可用策略实在太多，随随便便都可以说出几个：冗余备份、限流/熔断/降级、监控等。为了让读者更好地理解这些策略，将高可用策略按照时间维度分为3个阶段：事故前、事故中、事故后（不是很准确，主要是希望把高可用策略串起来），具体如图1-4所示。

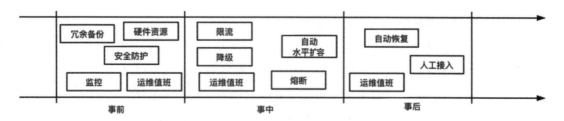

图 1-4 高可用策略划分

在系统出现异常之前，需要未雨绸缪，例如：

- 冗余备份：汽车容易爆胎，就多准备几个备胎在车上；单行道道路容易堵车，就改成两车道、三车道甚至更多；体现在系统上，就是保证系统的各个节点都要做冗余备份。单节点的应用改成多节点集群，单实例的数据库/缓存改成多实例数据库以及集群（多实例的数据库/缓存需要进行数据备份），当某个节点出现故障时，其他节点可以快速接管。

- 监控：当道路出现堵车时，如果交警不在现场，是没办法提前感知路况的，也不可能每条路都安排一个交警，所以需要在道路上安装摄像头，或者利用先进的监控技术来监控路况。重要的系统在上线之前，也需要提前搭建监控体系，收集监控指标，针对监控指标阈值设置相关的告警（短信、邮件等）。

- 安全防护：道路堵车不仅是因为车辆太多、车道太少等，还有可能是因为恐怖分子恶意制造混乱、地面塌陷等。类似的，系统也可能遭受黑客攻击、光缆被挖断等情况，因此需要网络应用防火墙（Web Application Firewall，WAF）来保护我们的系统。WAF是一种HTTP入侵检测和防御系统，工作在OSI七层模型中的应用层，为Web服务提供全面的防护，例如ModSecurity生产级的WAF产品。

- 运维值班：如果某个道路有重要领导人要通过，就需要提前安排警察等人员进行安全巡查，防止出现突发情况。类似的，对于系统中重要的服务，在重要的时间段也需要提前安排运维，开发人员三班制24小时不间断地看护。

- 硬件资源：道路也会坏掉，太久的道路多少会出现坑坑洼洼的现象，因此需要定期检查维护和保养。对于系统的硬件资源，比如磁盘、服务器、电源，也需要定期检查。

该提前准备的事项都准备了，系统也该上线了，流量慢慢进来，系统有条不紊地运行着。只要上线之前做好充足的测试（功能测试、性能测试、压力测试等），正常情况下，系统是不会出现什么大问题的。我们讲的高可用策略都是针对系统在突发情况下的一些应对措施，对应的策略有：

- 限流：每条路都有一个最大承重，超过路面所能承受的重量，道路就会凹陷，路面会受到破坏。类似的，每个系统/服务也有一个最大的承受能力，当流量太大，超过系统的承受能力时，就要进行一定的限制，这就是限流。很明显，限流是一种有损操作，是系统为了保护自己不得已才做出的动作。

- 降级：一般情况下，道路面前人人平等，但是当车流量很大，而救护车、110警车、消防车等重要的车辆需要通过时，我们都要优先让出车道，保证这些车辆的通行。同样，当系统有大量的请求流量进入（大促、秒杀、双十一活动、双十二活动），往往需要保证重要的服务而舍弃非重要的服务。例如，优先保证商品下单的完整流程，下单完成后通知用户消息可以先关闭。又比如日志降级，重要服务的日志打印功能保留，暂时关掉非重要服务的日志打印功能等。很明显，降级也是一种有损操作。

- 熔断：当高速公路并非堵车，而是出现道路坍塌或者山体滑坡等问题时，如果在高速入口没有及时通知，源源不断的车辆进入高速公路，就会让道路越来越堵，最后瘫痪，交警车辆也进不来，堵车车辆也出不去。同样，一个应用依赖多个服务是非常常见的，如果其中一个依赖由于延迟过高发生阻塞，调用该依赖服务的线程就会阻塞，如果相关业务的 QPS 较高，就可能产生大量阻塞，从而导致该应用/服务由于服务器资源被耗尽而拖垮。另外，故障也会在服务之间传递，如果故障服务的上游依赖较多，可能会引起服务的雪崩效应。

- 自动水平扩容：如果说限流/降级是一种有损操作，那么水平扩容就是一种比较积极正面的保障措施。普通时间高速路只开通两个车道进行车辆通行，因为车流量少，剩下的通道暂时关闭。而节假日车流量大，就放开剩下的车道，保障道路畅通。同样，如果流量暴增，就需要服务有自动扩容的能力，自动增加服务实例。对于容器化部署的服务，可以使用容器编排技术（比如k8s）对容器进行快速扩容和缩容。如果服务不是容器化部署，就需要运维人员手工创建新的服务实例，等流量降下来再手工回收服务实例，当然手工操作是非常麻烦的。

最后是事后阶段，具体包括：

- 人工接入：道路出现多起交通事故，实在太堵，整条路处于崩溃状态，甚至还出现吵架、打架流血等现象，实在难以恢复时，就只能由交警、警察介入处理。同样，服务出现难以恢复的故障时，就不得不让运维人员、开发人员介入，手工去重启或者排查原因。

- 自动恢复：道路堵车，有时仅仅是因为路面积水或者出现小障碍物，只需要把小障碍物移开或者把堵住下水道的杂物拿掉即可。同理，当服务出现一些小的问题，比如内存/CPU开始吃紧，服务能够自动检测，自动进行内存扩容，不需要人工介入。又比如服务超时，当服务请求变忙，出现超时情况的，服务可以自动延长超时时间，让慢请求可以正常执行。

最后需要注意的是，系统可用性越高，投入成本越大。所以，高可用是费钱的。

1.1.4　高可用和高可靠

可靠性和可用性这两者之间有一定的区别和联系，定义如下：

- 可用性（Availability）：被定义为系统的一个属性，它说明系统已准备好，马上就可以使用。换句话说，高度可用的系统在任何给定的时刻都能及时地工作。关注的是服务总体的持续时间，系统在给定时间内总体的运行时间越长，可用性越高。
- 可靠性（Reliability）：指系统可以无故障地持续运行。与可用性相反，可靠性是根据时间间隔而不是任何时刻来进行定义的。一个服务连续无故障运行的时间越长，可靠性就越高。

可靠性、可用性相关的指标如下：

- MTBF（Mean Time Between Failure，平均无故障时间）是指系统在规定的工作环境条件下开始工作到出现第一个故障的时间的平均值。MTBF越长表示可靠性越高，正确工作能力越强。
- MTTF（Mean Time To Failure，平均故障前时间）是指系统平均能够正常运行多长时间才发生一次故障。系统的可靠性越高，平均无故障时间越长。
- MTTR（Mean Time To Repair，平均修复时间）是指可修复产品的平均时间，就是从出现故障到修复中间的这段时间。MTTR越短表示易恢复性越好。

在《分布式系统原理与范型》（第2版）一书中提到的以下例子比较准确地解释了两者的区别：

如果系统每小时崩溃1ms，那么它的可用性就超过99.9999%，但是它还是高度不可靠，因为它只能无故障运行1小时。与之类似，如果一个系统从来不崩溃，但是每年要停机两个星期，那么它是高度可靠的，但是可用性只有96%。

1.2　FMEA 理论

FMEA（Failure Mode and Effects Analysis，失效模式与影响分析，又称为失效模式与后果分析、失效模式与效应分析、故障模式与后果分析、故障模式与效应分析）。是一种操作规程，旨在对系统范围内潜在的失效模式加以分析，以便按照严重程度加以分类，或者确定失效对于该系统的影响。FEMA是排除架构高可用隐患的利器。

恰当的FEMA工作可以为实践者提供降低系统、设计、过程和服务风险的有用信息。因为FEMA是具有逻辑性和积累性的潜在故障分析方法，它能使任务更加有效地完成。FEMA是系统、设计、过程或服务最重要的早期预防活动之一，它将预防故障和错误发生并阻止其对客户造成损害。

FMEA的使用类型有：

- 过程：对于制造和组装过程的分析。
- 设计：在生产之前，对于产品的分析。
- 概念：在早期的概念设计阶段，对于系统和子系统的分析。
- 设备：在购买之前，对于机械和仪器设备的分析。
- 服务：在发布出来以致影响到顾客之前，对于服务行业过程的分析。
- 系统：对于全局系统功能的分析。
- 软件：对于软件功能的分析。

我们主要使用FMEA对系统进行分析，看看系统是否存在某些可用性的隐患，具体分析方法是：

（1）给出初始的架构设计图。

（2）假设架构中某个部件发生故障。

（3）分析此故障对系统功能造成的影响。

（4）根据分析结果判断架构是否需要进行优化。

FMEA分析方法其实很简单，就是一个FMEA分析表，常见的FMEA分析表如表1-2所示。

表 1-2   FMEA 分析表

功　能	失效模式	影　响	严重程度分级	原　因	出现频度分级	风险等级	已有措施	解决措施

- 功能：FMEA分析涉及的功能点，这里的"功能"指的是从用户角度来看的，而不是从系统各个模块功能点划分来看的。
- 失效模式：或故障模式，指的是系统会出现什么样的故障。
- 影响：按照用户的认知方式，失效模式对于系统功能产生影响的结果。
- 严重程度分级：对于每种影响，分别都赋予一个取值为1（无危险）~10（危重）的严重程度值。严重等级分级有助于工程师排定失效模式及其影响的轻重缓急次序。如果某影响的严重程度值为9或10，则应当考虑采取行动措施，尽可能通过消除该失效模式，或者保护用户免受其影响，来变更相应的设计。

- 原因：故障原因，失效模式描述故障发生的现象，需要列出故障的具体原因。
- 出现频度分级：在这一步中，需要考虑失效的原因以及它所出现的频数。这里的出现频度分级就是指某个具体故障原因发生的概率，可以赋予一个范围为1～10的概率值，也可以将出现频度定义为百分数（%）。
- 风险等级：就是综合严重程度和出现频率来一起判断某个故障的最终等级，风险等级=严重程度分级×出现频度分级。因此，可能出现某个故障影响非常严重，但其概率很低，最终来看风险等级就低。
- 已有措施：针对具体的故障原因，系统现在是否提供了某些措施来应对。
- 解决措施：解决措施指为了能够解决问题而做的一些事情，一般都是技术手段。

我们要做的就是努力消除失效模式，最大限度地降低失效的严重程度，降低失效模式的出现频度，改进检查以发现问题。

下面以FMEA分析文章点赞功能，具体如表1-3所示。

表 1-3　使用 FMEA 分析文章点赞功能

功　能	失效模式	影　响	严重程度分级	原　因	出现频度分级	风险等级	已有措施	解决措施
点赞	Kafka 消息丢失	文章点赞数量不准确，点赞总数偏小	3	网络抖动	2	6	无	排查网络抖动原因
点赞	MySQL 宕机	点赞数无法保存到数据库，存在丢失风险	9	服务到 MySQL 网络连接中断	2	19	无	无

1.3　集群与分布式

1.3.1　什么是集群与分布式

想要弄清楚集群与分布式的区别，可以先看网络上的一个具体例子：

小饭店原来只有一个厨师，负责切菜、洗菜、备料、炒菜。后来顾客增多，饭店又请了一个厨师，两个厨师能炒一样的菜，这两个厨师的关系就是集群。为了让厨师专心炒菜，饭店又聘请了一位配菜师负责切菜、备菜、备料，那么厨师和配菜师的关系就是分布式。如果一个配菜师忙不过来，饭店又请来一个配菜师，那么两个配菜师的关系也是集群。

我们再来看另一个例子：

一个任务由10个子任务组成，每个子任务单独执行需要1小时，在一台服务器上执行该任务则需要10小时。采用分布式方案，提供10台服务器，每台服务器只负责处理一个子任务，不考虑子任务间的依赖关系，执行完这个任务只需要一个小时。而采用集群方案，同样提供10台服务器，每台服务器都能独立处理这个任务。假设有10个任务同时到达，10台服务器将同时工作，10小时后，10个任务同时完成。

从以上实例中可以看出，分布式主要是指将不同的业务分布到不同的地方；而集群主要是指将几台服务器集中在一起，实现同一个业务。同时，分布式是以缩短单个任务的执行时间来提升效率的，解决高并发问题；而集群主要是通过提高单位时间内执行的任务数来提升效率的，提高系统的可用性。所以集群是保证系统高可用的重要手段之一。

最后，集群可能运行着一个或多个分布式系统，也可能根本没有运行分布式系统。分布式系统可能运行在一个集群上，也可能运行在不属于一个集群的多台机器上。分布式中的每一个节点都可以做集群，而集群并不一定就是分布式的。从图1-5和图1-6可以清楚地看出集群架构和分布式架构的区别。

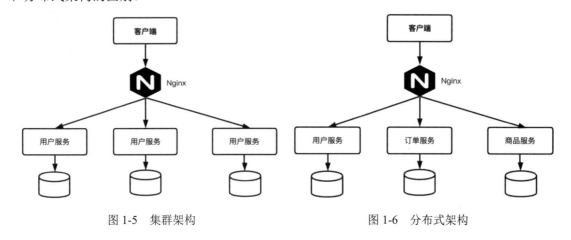

图1-5　集群架构　　　　　　　　　图1-6　分布式架构

1.3.2　分布式架构

分布式架构可以简单分为集中式架构和非集中式架构。

1. 集中式架构

在很多场景下，我们的请求都会汇总到一台服务器上，由这台服务器统一协调我们的请求和其他服务器之间的关系。这种由一台服务器统一管理其他服务器的方式就是分布式体系结构中的集中式架构（也称为Master/Slave架构），如图1-7所示，其中统一管理其他服务器的服务器是主，其他服务器是从。

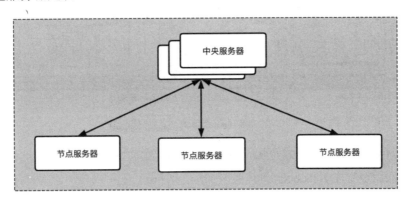

图 1-7　集中式架构

系统内所有的业务都先由Master处理，多个Slave与Master连接，并将自己的信息汇报给Master，由Master统一进行资源和任务调度并存储集群节点的状态，然后Master根据这些信息将任务下达给Slave。Slave执行任务并将结果反馈给Master。

集中式结构最大的特点就是部署结构简单。这是因为集中式系统的中央服务器往往是多个具有较强计算能力和存储能力的计算机，为此中央服务器进行统一管理和任务调度时，无须考虑对任务的多节点部署，而节点服务器之间无须通信和协作，只要与中央服务器通信协作即可。

集中式架构的应用场景非常多，比如SVN、Borg、Kubernetes的集群管理机制都是这样的。

下面介绍Kubernates的集群管理机制。

Kubernetes（常简称为k8s）是用于自动部署、扩展和管理容器化（Containerized）应用程序的开源系统，它旨在提供跨主机集群的自动部署、扩展以及运行应用程序容器的平台，支持一系列容器工具，包括Docker等。Kubernetes架构如图1-8所示。

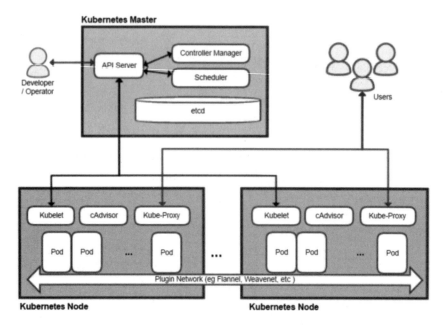

图 1-8   Kubernetes 集中式架构

Kubernetes也是典型的集中式结构，一个Kubernetes集群主要由Master节点和Worker节点组成，以及客户端命令行工具Kubectl和其他附加项。

2. 非集中式架构

集中式结构对中心服务器性能的要求很高，而且存在单点瓶颈和单点故障问题。为了解决这个问题，分布式领域中又出现了另一个经典的系统结构，即非集中式结构，也叫作分布式结构，如图1-9所示。

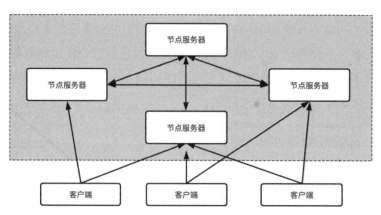

图 1-9   非集中式架构

在非集中式结构中，没有中央服务器和节点服务器之分，所有的服务器地位都是平等（对等）的。相比于集中式结构，非集中式结构降低了某一个或者某一簇计算机集群的压力，在解决了单点瓶颈和单点故障问题的同时，还提升了系统的并发度，比较适合大规模集群的管理。

比较典型的非集中式架构系统有Akka集群、Redis集群和Cassandra集群等。Redis集群在后续的章节会深入讲解，这里我们讲一下Cassandra集群架构。

Cassandra的名称来源于希腊神话，是特洛伊的一位悲剧性的女先知的名字，因此项目的Logo是一只放光的眼睛。

Cassandra的系统架构是基于一致性哈希的完全P2P架构，每行数据通过哈希来决定应该存在哪个或哪些节点中。集群没有Master的概念，所有节点都是同样的角色，彻底避免了整个系统的单点问题导致的不稳定性，集群间的状态同步通过Gossip协议来进行P2P的通信。每个节点都把数据存储在本地，每个节点都接受来自客户端的请求。每次客户端随机选择集群中的一个节点来请求数据，对应接受请求的节点将对应的key在一致性哈希的环上定位由哪些节点存储这个数据，将请求转发到对应的节点上，并将对应若干节点的查询反馈返回给客户端，具体如图1-10所示。

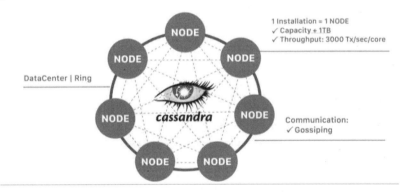

图 1-10　Cassandra 系统架构图

1.4　高可用之 CAP 理论

1.4.1　CAP 理论

我们都知道高可用的通用办法是冗余设计（或者说集群无单点），多个节点形成集群，一旦形成集群，必定涉及一致性、可用性以及分区容错性等问题，这就涉及CAP理论。因此，

CAP理论是学习高可用必须掌握的理论。

由于对系统或者数据进行了拆分，因此我们的系统不再是单机系统，而是分布式系统，针对分布式系统的 CAP 原理包含如下3个元素（见图1-11）：

- C（Consistency）：一致性，分布式系统中的所有数据备份在同一时刻具有同样的值，所有节点在同一时刻读取的数据都是最新的数据副本。

  例如，对某个指定的客户端来说，读操作能返回最新的写操作。对于数据分布在不同节点上的数据来说，在某个节点更新了数据，如果在其他节点都能读取到这个最新的数据，就称为强一致，如果有某个节点没有读取到，就是不一致。

- A（Availability）：可用性，非故障的节点在合理的时间内返回合理的响应（不是错误和超时的响应）。可用性的两个关键：一个是合理的时间，另一个是合理的响应。合理的时间指的是请求不能无限被阻塞，应该在合理的时间给出返回；合理的响应指的是系统应该明确返回结果并且结果是正确的。

- P（Partition Tolerance）：分区容错性，当出现网络分区后，系统能够继续工作。在实际场景中，网络环境不可能百分之百不出现故障，比如网络拥塞、网卡故障等都会导致网络故障或不通，从而导致节点之间无法通信，或者集群中的节点被划分为多个分区，分区中的节点之间可通信，分区间不可通信。这种由网络故障导致的集群分区情况通常被称为"网络分区"。

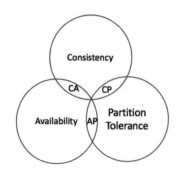

图 1-11　CAP 理论

CAP原理证明，任何分布式系统只可以同时满足以上两点，无法三者兼顾。在分布式系统中，网络无法100%可靠，分区其实是一个必然现象。也就是说，分区容错性（P）是前提，是必须要保证的。

现在就只剩下一致性（C）和可用性（A）可以选择了，要么选择一致性，保证数据正确；

要么选择可用性，保证服务可用。那么 CP 和 AP 的含义是什么呢？

对于CP来说，放弃可用性，追求一致性和分区容错性，ZooKeeper其实追求的就是强一致。对于AP来说，放弃一致性（这里说的一致性是强一致性），追求分区容错性和可用性，这是很多分布式系统设计时的选择。

顺便一提，CAP理论中是忽略网络延迟的，也就是当事务提交时，从节点A复制到节点B没有延迟，但是在现实中这明显是不可能的，所以总会有一定的时间是不一致的。同时，CAP中选择两个，比如你选择了CP，并不是叫你放弃 A。

 在不存在网络分区的情况下，也就是分布式系统正常运行时（这也是系统在绝大部分时候所处的状态），也就是说在不需要P时，C和A能够同时保证。只有当发生分区故障的时候，也就是说在需要P时，才会在C和A之间做出选择。

最后我们来对比分析一下CA、CP以及AP这3种策略，以方便读者记忆和理解，具体如表1-4所示。

表1-4　CA、CP 以及 AP 三种策略对比

对比维度	CA	CP	AP
特性	一致性、可用性	一致性、分区容错性	可用性、分区容错性
使用场景	单机	要求数据强一致性场景，比如金融	要求及时响应应用用户，对数据一致性要求较低的场景
组件或者系统	DBMS 类型数据库，例如 MySQL	Redis、HBase、ZooKeeper、Etcd、Consul	Eureka、Cassandra、DynamoDB 等

1.4.2　ACID 理论

ACID理论是数据库为了保证事务正确性而提出的一种理论，它包含4个约束：

- 原子性（Atomicity）：组成事务的一组操作，要么全部成功，要么全部失败，不会在中间的某个环节结束。如果在事务执行的过程中，某个操作失败了，数据库就会回滚到事务开始前的状态，就像这个事务从来没有执行过一样。在数据库中，原子性主要通过undo log实现。
- 一致性（Consistency）：事务执行前后，数据库的完整性没有被破坏，事务执行前后都是合法的数据状态。
- 隔离性（Isolation）：数据库允许多个事务并发地对数据进行读写。多个事务并发执

行会造成脏读、不可重复读、幻读，而隔离性可以防止多个事务交叉执行导致的数据不一致问题。事务的隔离级别有读未提交、读已提交、可重复读、串行化。

- 持久性（Durability）：事务提交后，对数据的修改是持久的，不会因为外部原因丢失。

ACID理论是对事务特性的抽象和总结，方便我们实现事务。也就是说，如果我们使得一组操作具有ACID特性，那么这组操作就可以称为事务。ACID理论是传统数据库常用的设计理念，追求强一致性模型。在单机上实现 ACID 也不难，但是一旦涉及分布式系统的ACID特性，就需要用到分布式事务协议，比如两阶段提交（Two Phase Commit，2PC）。

1.4.3　两阶段提交

在分布式环境下，每个节点都可以知晓自己的操作的成功或者失败，却无法知道其他节点操作的成功或失败。当一个分布式事务跨多个节点时，保持事务的原子性与一致性是非常困难的。

两阶段提交是一种在分布式环境下，所有节点进行事务提交，保持一致性的算法。它通过引入一个协调者（Coordinator）来统一掌控所有参与者（Participant）的操作结果，并指示它们是否要把操作结果进行真正的提交（Commit）或者回滚（Rollback）。

两阶段提交分为两个阶段：

（1）投票阶段（Voting Phase）：协调者通知参与者，参与者反馈结果。

（2）提交阶段（Commit Phase）：收到参与者的反馈后，协调者再向参与者发出通知，根据反馈情况决定各参与者是提交还是回滚。

例如，甲、乙、丙、丁4人要组织一个会议，需要确定会议时间，甲是协调者，乙、丙、丁是参与者。

第一阶段：投票阶段

（1）甲发邮件给乙、丙、丁，通知明天10点开会，询问是否有时间。

（2）乙回复有时间。

（3）丙回复有时间。

（4）丁迟迟不回复，此时对于这个事务，甲、乙、丙均处于阻塞状态，算法无法继续进行。

第二阶段：提交阶段

（1）协调者甲将收集到的结果通知给乙、丙、丁。

（2）乙收到通知，并发送ACK消息给协调者。

（3）丙收到通知，并发送ACK消息给协调者。

（4）丁收到通知，并发送ACK消息给协调者。

如果丁回复有时间，则通知提交；如果丁回复没有时间，则通知回滚。

需要注意的是，在第一个阶段，每个参与者投票表决事务是放弃还是提交。一旦参与者投票要求提交事务，那么就不允许放弃事务。也就是说，在一个参与者投票要求提交事务之前，它必须保证能够执行提交协议中它自己那一部分，即使参与者出现故障或者中途被替换掉。这个特性是我们需要在代码实现时保障的。

两阶段提交在执行过程中，所有节点都处于阻塞状态，所有节点所持有的资源（例如数据库数据、本地文件等）都处于封锁状态。如果有协调者或者某个参与者出现了崩溃，为了避免整个算法处于完全阻塞状态，往往需要借助超时机制来将算法继续向前推进。

两阶段提交这种解决方案属于牺牲了一部分可用性来换取一致性，对性能的影响较大，不适合高并发、高性能的场景。

最后需要注意的是，二阶段提交协议不仅仅是协议，也是一种非常经典的思想。两阶段提交协议是一个原子提交协议，能实现事务，保证所有操作，要么全部执行，要么全部不执行。两阶段提交在达成提交操作共识的算法中应用广泛，比如XA协议、TCC、Paxos、Raft等。

1.4.4 补偿事务 TCC

TCC 其实就是采用的补偿机制，其核心思想是：针对每个操作都要注册一个与其对应的确认和补偿（撤销）操作。TCC分为3个阶段：

- Try阶段：主要是对业务系统进行检测及资源预留。
- Confirm阶段：主要是对业务系统进行确认提交，Try阶段执行成功并开始执行Confirm阶段时，默认Confirm阶段是不会出错的，即只要Try阶段成功，Confirm阶段一定成功。
- Cancel阶段：主要是在业务执行错误，需要回滚的状态下将执行的业务取消，将预留资源释放。

我们来看一个具体的例子，仍然以用户购物为例，如图1-12所示。

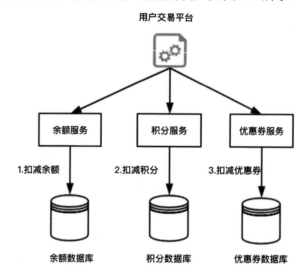

图 1-12　用户交易流程图

比如修改余额，伪代码如下：

```
//修改余额,事务如下
int updateAccountT(uid, money){
    start transaction;
        //操作数据库
        CURD table t_account with money for uid;
        any exception rollback return NO;
    commit;
    return YES;
}


//修改余额,补偿事务
int rollbackAccountT(uid, money){
        //做一个money的反向操作
        return updateAccountT(uid, -1 * money){
}
```

同理，修改积分方法updateShoppingPointsT(uid,point)，对应的补偿事务是updateShoppingPointsT(uid, point)。

要保证余额与积分的一致性，伪代码如下：

```
//执行第一个事务,扣减余额
int flag = updateAccountT();
```

```
if(flag=YES){
    //若第一个事务成功，则执行第二个事务，扣减积分
    flag= updateShoppingPointsT();
    if(flag=YES){
        //若第二个事务成功，则成功
        return YES;
    } else {
        //若第二个事务失败，则执行第一个事务的补偿事务
        rollbackAccountT();
    }
}
```

从上面的伪代码可以看出，补偿事务的业务流程比较复杂，if/else嵌套非常多层，同时还需要考虑补偿事务失败的情况。

TCC的核心思想：针对每个操作都要注册与其对应的确认操作和补偿操作（也就是撤销操作）。它是一个业务层面的协议，也可将TCC理解为编程模型（本质上而言，TCC是一种设计模式，也就是一种理念，它没有与任何技术（或实现）耦合，也不受限于任何技术，对所有的技术方案都是适用的），TCC的3个操作需要在业务代码中编码实现，为了实现一致性，确认操作和补偿操作必须是幂等的，因为这两个操作可能会失败重试。

另外，TCC不依赖于数据库的事务，而是在业务中实现了分布式事务，这样能减轻数据库的压力，但对业务代码的入侵性也更强，实现的复杂度也更高。所以，推荐在需要分布式事务能力时，优先考虑现成的事务型数据库（比如MySQL XA），当现有的事务型数据库不能满足业务的需求时，再考虑基于TCC实现分布式事务。

1.4.5　BASE 理论

在分布式系统中，我们往往追求的是可用性，它的重要程度比一致性要高，那么如何实现高可用性呢？前人已经给我们提出了另一个理论——BASE理论。BASE理论是CAP理论中AP的延伸。BASE理论指的是：

（1）Basically Available（基本可用）。

（2）Soft State（软状态）。

（3）Eventually Consistent（最终一致性）。

BASE理论是对CAP中的一致性和可用性进行权衡的结果，理论的核心思想是：我们无法

做到强一致，但每个应用都可以根据自身的业务特点，采用适当的方式来使系统达到最终一致性。

基本可用在本质上是一种妥协，也就是在出现节点故障或系统过载的时候，通过牺牲非核心功能的可用性，保障核心功能的稳定运行。

那么如何实现基本可用呢？

主要办法有流量削峰、延迟响应、降级、过载保护。

- 流量削峰：春季期间，12306放票不是一次性放完，而是分成几个时间段来放的。例如，在原来8:00~18:00（除14:00外）每整点放票的基础上，增加9:30、10:30、12:30、13:30、14:00、14:30 6个放票时间点，每隔半小时放出一批，将流量摊匀，将访问请求错开，削弱请求峰值。
- 延迟响应：在春运期间，自己提交的购票请求往往会在队列中排队等待处理，可能几分钟或十几分钟后，系统才开始处理，然后响应处理结果，这就是延迟响应，也是通过牺牲响应时间的可用性保证核心功能的运行。
- 降级：关闭非核心功能，保证核心功能，或者在业务层面降级，降低用户体验，例如降低视频、图片的清晰度等。
- 过载保护：流量超过系统所能承受的范围，直接拒接。

关于流量削峰、降级等内容会在后续的章节详细介绍。

软状态描述的是实现服务可用性的时候系统数据的一种过渡状态，也就是说不同节点间，数据副本存在短暂的不一致。软状态是实现BASE思想的方法，基本可用和最终一致是目标。

以BASE思想实现的系统由于不保证强一致性，因此系统在处理请求的过程中可以存在短暂的不一致，在短暂不一致的时间窗口内，请求处理处于临时状态，系统在进行每步操作时，通过记录每个临时状态，在系统出现故障时，可以从这些中间状态继续处理未完成的请求或者退回到原始状态，最终达到一致状态。可以将强一致性理解为最终一致性的特例，也就是说，可以把强一致性看作不存在延迟的一致性。

以转账为例，我们将用户A向用户B转账分成4个阶段：第1个阶段，用户A准备转账；第2个阶段，从用户A账户扣减余额；第3个阶段，对用户B增加余额；第4个阶段，完成转账。系统需要记录操作过程中每个步骤的状态，一旦出现故障，系统便能够自动发现没有完成的任务，然后根据任务所处的状态继续执行任务，最终彻底完成任务，资金从用户A的账户转账到用户B的账户，达到最终的一致状态。

1.5　高可用之选举算法

　　一个高可用的集群中，一般都会存在主节点的选举机制，主节点用来协调和管理其他节点，以保证集群有序运行和节点间数据的一致性。本节介绍常用的选举算法：霸道选举算法（Bully Algorithm）、Raft选举算法、ZAB选举算法。

1.5.1　霸道选举算法

　　霸道选举算法是一种分布式选举算法，每次都会选出存活的进程中ID最大的候选者。在霸道选举算法中，节点的角色只有两种：普通节点和主节点。霸道选举算法在选举过程中会发送以下3种消息类型：

- Election消息：表示发起一次选举。
- Answer(Alive)消息：对发起选举消息的应答。
- Victory(Coordinator)消息：选举胜利者向参与者发送选举成功的消息，宣誓自己的主权。

　　霸道选举算法假设每个进程知道自己和其他进程的ID以及地址，进程之间消息传递是可靠的，当且仅当主节点故障或与其他节点失去联系后，才会重新选主。其选举流程如下：

- 如果节点N是最大的ID，直接向所有人发送Victory消息，成为新的Leader；否则向所有比他大的ID的进程发送Election消息。
- 如果节点N在发送Election消息后没有收到Alive消息，则N向所有人发送Victory消息，成为新的Leader。
- 如果节点N收到了从比自己ID还要大的进程发来的Alive消息，N停止发送任何消息，等待Victory消息（如果过了一段时间没有等到Victory消息，重新开始选举流程）。
- 如果节点N收到了比自己ID小的进程发来的Election消息，回复一个Alive消息，然后重新开始选举流程。
- 如果N收到了Victory消息，把发送者当作Leader。

　　具体示例如下：

　　（1）假设开始有6个节点，即P0～P6，P6进程ID最大，P0进程ID最小，集群启动的时候，因为P6进程知道其他节点的进程ID以及地址，所以P6为主节点，其他为普通节点，具体如图

1-13所示。

（2）由于某种原因，P6节点宕机，具体如图1-14所示。

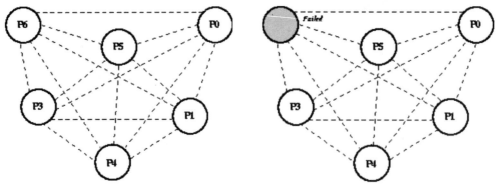

图1-13　霸道选举算法-step0　　　　图1-14　霸道选举算法-step1

（3）P3节点注意到P6节点宕机没响应，所以P3节点开始选举，发送Election消息通知那些进程ID比P3大的节点P4、P5、P6，具体如图1-15所示。

（4）由于P4节点和P5节点的进程ID比P3节点大，因此回复Answer(Alive)消息。因为节点P3收到了从比自己ID还要大的进程发来的Alive消息，P3停止发送任何消息，等待Victory消息（如果过了一段时间没有等到Victory消息，重新开始选举流程），具体如图1-16所示。

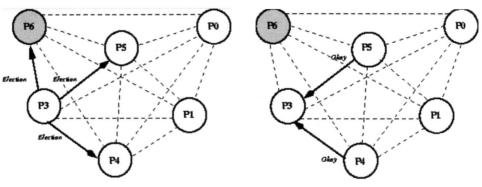

图1-15　霸道选举算法-step2　　　　图1-16　霸道选举算法-step3

（5）P4节点发送Election消息通知那些进程ID比P4大的节点P5、P6。只有P5节点回复Alive消息。同理，P4停止发送任何消息，等待Victory消息，具体如图1-17和图1-18所示。

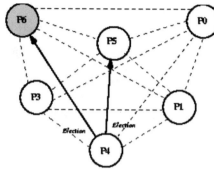

图 1-17　霸道选举算法-step4

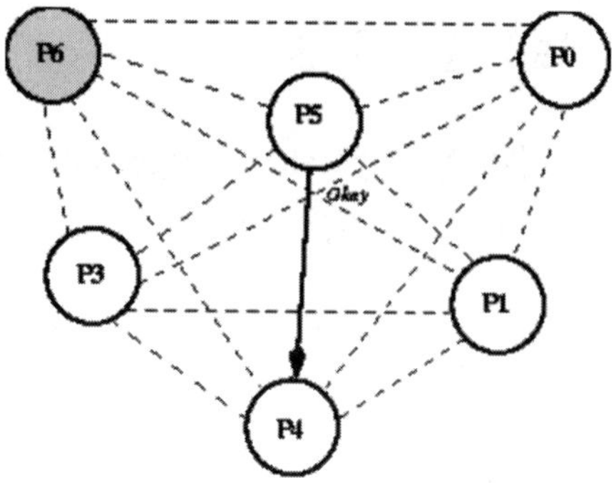

图 1-18　霸道选举算法-step5

（6）P5发送Election消息给P6，节点5在发送Election消息后没有收到Alive消息，则P5向所有人发送Victory消息，成为新的Leader，具体如图1-19和图1-20所示。

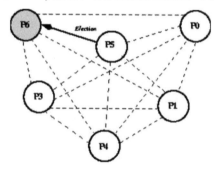

图 1-19　霸道选举算法-step6

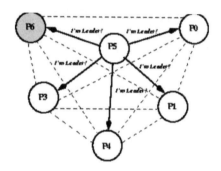

图 1-20　霸道选举算法-step7

有以下几种情况会触发选举：

（1）检测到主节点异常。

（2）当节点从错误中恢复。

霸道选举算法霸道且简单，谁活着且谁的ID最大谁就是主节点，其他节点必须无条件服从。霸道选举算法的优点是：选举速度快、算法复杂度低、简单易实现。霸道选举算法的缺点是，需要每个节点有全局的节点信息，因此额外信息存储较多；其次，会导致频繁切主，例如任意一个比当前主节点ID大的新节点或节点故障后恢复加入集群的时候，该节点频繁退出、加入集群都可能会触发重新选举。

Elasticsearch的Master选举采用的就是霸道选举算法，MongoDB的副本集选举采用的也是霸道选举算法。

1.5.2　Raft 选举算法

Raft这一名字来源于Reliable, Replicated, Redundant, And Fault-Tolerant（可靠、可复制、可冗余、可容错）的首字母缩写，是一种用于替代Paxos的共识算法（Paxos算法在1.6.1节会讲述）。

Raft通过选举Leader的方式做共识算法（一切以领导者为准）。在Raft集群（Raft Cluster）中，有3种类型的节点：

（1）领导者（Leader）。

（2）追随者（Follower）。

（3）候选人（Candidate）。

在正常情况下只会有一个领袖，其他都是追随者。领袖会负责所有外部的读和写请求，如果不是领袖的机器收到请求，则请求会被导到领袖。

通常领导会固定时间发送消息，也就是"心跳"，让追随者知道集群的领导还在正常运行。而每个追随者都会设计超时机制，如果超过一定时间没有收到心跳（通常是150 ms或300 ms），集群就会进入选举状态。在Raft算法中，服务器节点间的沟通联络采用的是远程过程调用（RPC）。

Raft将问题拆成数个子问题分开解决，让人更容易理解，分别是：

（1）领导选举（Leader Election）。

（2）日志复制（Log Replication）。

（3）安全性（Safety）。

接下来主要针对Raft的领导选举进行描述，其他内容不在讨论范围内。

Raft领导选举流程如下：

步骤01 在初始状态下，集群中所有的节点 N1（超时时间为 100ms）、N2（超时时间为 200ms）以及 N3（超时时间为 300ms）都是跟随者的状态，具体如图 1-21 所示。

步骤02 每个节点等待领导者节点心跳信息的超时时间间隔是随机的。刚开始集群没有领导者，所以超时时间最短的节点 N1 增加自己的任期编号（Term），并推举自己为候选人，先给自己投上一张选票，然后向其他节点发送请求投票消息，请它们选举自己为领导者，具体如图 1-22 所示。

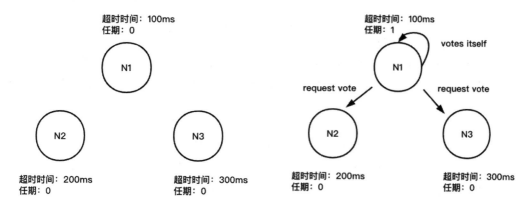

<table>
<tr><td>图 1-21　Raft 选举算法 1</td><td>图 1-22　Raft 选举算法 2</td></tr>
</table>

步骤 03 如果其他节点接收到候选人的请求投票消息，在这届任期内还没有进行过投票，那么将把选票投给节点 N1，并增加自己的任期编号，具体如图 1-23 所示。

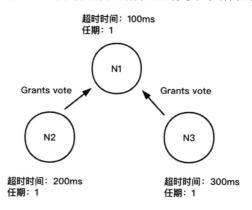

图 1-23　Raft 选举算法 3

步骤 04 如果候选人 N1 在选举超时时间内赢得了大多数的选票，它就会成为本届任期内新的领导者。N1 成功当选领导者后，将周期性地发送心跳消息，通知其他服务器自己是领导者，阻止跟随者发起新的选举。

步骤 05 每个服务器在每个任期只会投一票，固定投给最早拉票的服务器。选举是由候选人发动的，当领袖的心跳超时的时候，追随者就会把自己的任期编号加一，宣告竞选，投自己一票，并向其他服务器拉票。如果候选人收到其他候选人的拉票，而且拉票的任期编号不小于自己的任期编号，就会自认落选，成为追随者，并认定来拉票的候选人为领袖。如果有候选人收到过半的选票就当选为新的领袖。如果超时仍没有选出新领袖，此任期自动终止，开始新的任期并开始下一场选举。

从上述流程中可以看到，导致任期发生改变主要有以下几种情况：

（1）跟随者在等待领导者心跳信息超时后，推举自己为候选人时，会增加自己的任期号，比如节点N的当前任期编号为0，那么在推举自己为候选人时，会将自己的任期编号增加为1。

（2）如果一个服务器节点发现自己的任期编号比其他节点小，那么它会更新自己的编号到较大的编号值。比如节点B的任期编号是0，当收到来自节点A的请求投票RPC消息时，因为消息中包含节点A的任期编号，且编号为1，所以节点B将把自己的任期编号更新为1。

Raft算法的优点：选举速度快，算法复杂度低，易于实现。

Raft算法的缺点：它要求系统内每个节点都可以相互通信，且需要获得过半的投票数才能选主成功，因此通信量大。

Raft选举算法稳定性比Bully算法好，因为当有新节点加入或节点故障恢复后,会触发选主,但不一定会真正切主，除非节点获得投票数过半，才会导致切主。

读者可通过https://raft.github.io/链接查看Raft算法的动画演示，加深对Raft算法的理解。

 Raft每个服务器的超时期限是随机的，这降低了服务同时竞选的概率，也降低了因两个竞选人得票都不过半而选举失败的概率。集群内的节点都对选举出的领袖采取信任，因此Raft不是一种拜占庭容错算法。

1.5.3　ZAB 选举算法

ZAB（ZooKeeper Atomic Broadcast）选举算法是为 ZooKeeper 实现分布式协调功能而设计的。相较于 Raft 算法的投票机制，ZAB 算法增加了通过节点 ID 和数据 ID 作为参考进行选主，节点 ID 和数据 ID 越大，表示数据越新，优先成为主。相比较于 Raft 算法，ZAB 算法尽可能保证数据的最新性。所以，ZAB 算法可以说是对 Raft 算法的改进。

ZAB 算法选举时，集群节点包含3种角色：

- 领导者（Leader）：主节点。

 所有的写请求都必须在领导者节点上执行。

- 跟随者（Follower）：跟随者节点，在集群中可以有多个跟随者，它们会响应领导者的心跳，并参与领导者选举和提案提交的投票。

> **注意**　跟随者可以直接处理并响应来自客户端的读请求，但对于写请求，跟随者需要将它转发给领导者处理。

- 观察者（Observer）：观察者无投票权。也就是说，观察者不参与领导者选举和提案提交的投票。类似于Paxos算法中的学习者。

在选举过程中，集群中的节点有以下4种状态：

- Leading状态：领导者状态，表示已经选出主，且当前节点为Leader。
- Following状态：跟随者状态，集群中已经选出主后，其他非主节点状态更新为Following，表示对Leader的追随。
- Election/Looking状态：选举状态。当节点处于该状态时，会认为当前集群中没有Leader，因此自己进入选举状态。
- Observing状态：观察者状态，表示当前节点为Observer，持观望态度，没有投票权和选举权。

在投票过程中，每个节点都有一个唯一的三元组（server_id, server_zxID, epoch）：

- server_id：表示本节点的唯一ID。
- server_zxID：表示本节点存放的数据 ID，数据 ID 越大表示数据越新，选举权重越大。
- epoch：表示当前选取轮数，一般用逻辑时钟表示。

ZAB算法选主的原则是server_zxID 最大者成为Leader，若server_zxID相同，则server_id 最大者成为Leader。具体选举流程如下：

步骤 01　有集群节点 A（server_id=1）、B（server_id=2）、C（server_id=3），系统刚启动时，集群中所有的节点都为 Following 状态，3 个节点当前投票均为第一轮投票，即 epoch=1，且数据 zxID 均为 0。此时每个节点都推选自己，并将选票信息<epoch, zxID, server_id, vote_id,>广播出去，具体如图 1-24 和图 1-25 所示。

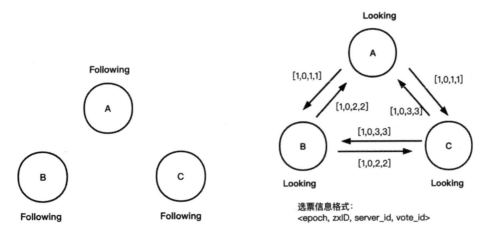

图 1-24　ZAB 选举算法 1　　　　　　　　图 1-25　ZAB 选举算法 2

步骤 02 由于 3 个节点的 epoch、zxID 都相同，节点收到其他节点的投票消息后，比较 zxID 和 server_id，较大者即为推选对象，因此节点 A 和节点 B 将 vote_id 改为 3，更新自己的投票箱并重新广播自己的投票，具体如图 1-26 所示。

步骤 03 此时所有节点都推选节点 C，因此节点 C 计算得票数，如果超过集群中节点的半数就当选 Leader，处于 Leading 状态，向其他节点发送心跳包并维护连接。此时节点 A 和节点 B 切换为 Following 状态，具体如图 1-27 所示。

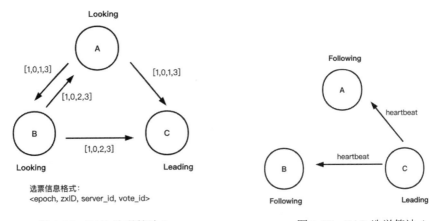

图 1-26　ZAB 选举算法 3　　　　　　　　图 1-27　ZAB 选举算法 4

步骤 04 当跟随者 A、B 检测到连接领导者节点 C 的读操作等待超时时，跟随者会变更节点状态，将自己的节点状态变更成 Looking，然后发起领导者选举。

步骤 05 每个节点会创建一张选票，这张选票是投给自己的，也就是说，节点 A、B 推荐自己为领导者，并创建选票，然后各自将选票发送给集群中的所有节点，也就是说，A 发送给 A、B，B 也发送给 A、B。

步骤 06 A 和 B 节点按照如下规则操作：

- 优先检查任期编号（epoch），任期编号大的节点作为领导者。
- 如果任期编号相同，则比较zxID的最大值，值大的节点作为领导者。
- 如果zxID的最大值相同，则比较server_id，server_id大的节点作为领导者。
- 如果选票提议的领导者比自己提议的领导者更适合作为领导者，那么节点将调整选票内容，推荐选票提议的领导者作为领导者。

步骤 07 最后，因为此时节点 A、B 提议的领导者（节点 B）赢得了大多数选票（2 张选票），所以节点 A、B 将根据投票结果变更节点状态并退出选举。比如，因为当选的领导者是节点 B，所以节点 A 将变更状态为 Following 并退出选举，而节点 B 将变更状态为 Leading 并退出选举。

1.6 高可用之共识算法

1.6.1 Paxos 算法

Paxos算法是莱斯利·兰伯特于1990年提出的一种基于消息传递且具有高度容错特性的共识（Consensus）算法。需要注意的是，Paxos常被误称为"一致性"算法，但是一致性和共识并不是同一个概念。

兰伯特提出的 Paxos 算法包含两个部分：

（1）Basic Paxos算法：描述的是多节点之间如何就某个值（提案value）达成共识。

（2）Multi-Paxos思想：描述的是执行多个Basic Paxos实例，就一系列值达成共识。

分布式系统中的节点通信存在两种模型：共享内存和消息传递。基于消息传递通信模型的分布式系统不可避免地会发生以下错误：

- 进程慢、被杀死或者重启。
- 消息延迟、丢失、重复。
- 在基础Paxos场景中，先不考虑可能出现消息篡改（即拜占庭错误）的情况。

Paxos算法解决的问题是在一个可能发生上述异常的分布式系统中如何就某个值达成一致，保证不论发生以上任何异常，都不会破坏决议的共识。在Basic Paxos中，有提议者（Proposer）、接受者（Acceptor）、学习者（Learner）3种角色：

- 提议者提出提案，提案信息包括提案编号和提议的决议（value）。
- 接受者收到提案后可以接受提案，若提案获得多数派（Majority）的接受，则称该提案被批准。
- 学习者只能学习被批准的提案。

划分角色后，就可以更精确地定义问题：

（1）决议只有在被提议者提出后才能被批准（未经批准的决议称为提案）。

（2）在一次Paxos算法的执行实例中只批准一个决议。

（3）学习者只能获得被批准的决议。

1. Paxos算法的内容

提议者提出一个提案前，首先要和足以形成多数派的接受者进行通信，获得他们进行的最近一次接受的提案（准备过程），之后根据回收的信息决定这次提案的决议，形成提案开始投票。当获得多数接受者接受后，提案获得批准，由提议者将这个消息告知学习者。这个简略的过程经过进一步细化后就形成了Paxos算法。

2. Paxos决议的提出与批准

通过一个决议分为两个阶段：

（1）准备阶段

提议者选择一个提案编号n并将prepare请求发送给接受者中的一个多数派。接受者收到prepare消息后，如果提案的编号大于它已经回复的所有prepare消息（回复消息表示接受），则接受者将自己上次接受的提案回复给提议者，并承诺不再回复小于n的提案。

（2）批准阶段

当一个提议者收到了多数接受者对prepare的回复后，就进入批准阶段。它要向回复prepare请求的接受者发送accept请求，包括编号n和value。在不违背自己向其他提议者的承诺的前提下，接受者收到accept请求后即批准这个请求。

这个过程在任何时候中断都可以保证正确性。例如，一个提议者发现已经有其他提议者提出了编号更高的提案，则有必要中断这个过程。因此，为了优化，在上述prepare过程中，如果一个接受者发现存在一个更高编号的提案，则需要通知提醒者，提醒其中断这次提案。

用实际的例子来更清晰地描述上述过程：

年末将至，某跨国传统型公司有A1、A2、A3、A4、A5五位技术Leader（分布在不同国家），就年终表演什么节目的问题进行决议。技术Leader A1决定表演胸口碎大石，因此他向所有人发出一个草案。这个草案的内容是：

年终才艺表演节目是什么？如果没有决定，我来决定一下。提出时间：12月15日；提案者：A1。

在最简单的情况下，没有人与其竞争。信息能及时顺利地传达到其他技术Leader处。于是，技术Leader A2~A5回应：

我已收到你的提案，等待最终批准。

A1在收到两份回复后就发布最终决议：

年终才艺表演，节目定为胸口碎大石，新的提案不得再讨论本问题。

这实际上退化为两阶段提交协议。

现在我们假设在技术Leader A1提出提案的同时，A5决定将才艺表演节目定为跳草裙舞。

年终才艺表演节目是什么？如果没有决定，接下来决定一下。提出时间：12月20日；提案者：A5。

草案通过邮件送到其他技术Leader的邮箱（备注：使用最原始的邮件沟通方式）。A1的草案将通过邮件方式送到A2~A5的邮箱。现在A2和A3顺利收到A1的草案，由于网络原因，A4和A5没收到A1的草案。A5的草案则顺利地送至A4和A3的邮箱。

现在，A1、A2、A3收到了A1的提案。A3、A4、A5收到了A5的提案。按照协议，A1、A2、A4、A5将接受他们收到的提案，回复邮件：

我已收到你的提案，等待最终批准。

回复回到提案者那里，而A3的行为将决定批准哪一个。

注意　这里需要明确一点，提案是全局有序的。在这个示例中，是说每个提案提出的日期都不一样，即12月15日只有A1的提案，12月20日只有A5的提案，不可能在某一天存在两个提案。

情况1：

假设A1的提案先送到A3处，而A5的提案由于网络超慢的原因，A3迟迟没收到。于是A1收到A2、A3的回复，加上它自己已经构成多数派，于是年末才艺表演节目：胸口碎大石将成为决议。A1发邮件将决议送到所有技术Leader处：

年末才艺表演节目定为：胸口碎大石，新的提案不得再讨论本问题。

A3在很久以后收到了来自A5的提案。由于才艺表演节目的问题已经讨论完毕，开始讨论某些技术Leader在12月25日提出的议案。因此，这个12月20日提出的议案他不去理会。他自言自语地抱怨一句：

这都是老问题了，没有必要讨论了。

情况2：

依然假设A1的提案先送到A3处，但是这次A5网络只是中途卡顿了一会。这次，A3依然会将"接受"回复给A1。但是在决议成型之前，它又收到了A5的提案。于是：

（1）如果A5提案的提出时间比A1提案晚一些，这里确实满足这种情况，因为12月20日晚于12月15日，则A3回复：

我已收到您的提案，等待最终批准，但是在您之前已有人提出，请明察。

于是，A1和A5都收到了足够的回复。这时年终表演节目的问题就有两个提案在同时进行。但是A5知道之前有人提出年末才艺表演节目：胸口碎大石，于是A1和A5都会向全体议员广播：

年末才艺表演节目定为：胸口碎大石，新的提案不得再讨论本问题。
共识到了保证。

（2）如果A5提案的提出时间比A1提案早一些。假设A5的提案是12月10日提出的，则A3直接不理会。

A1不久后就会广播，年末才艺表演节目定为：胸口碎大石。

1.6.2　Multi-Paxos 算法

从1.6.1节的内容，我们知道Basic Paxos只能就单个值达成共识，如果需要为一系列值实现共识，Basic Paxos就不管用了。Basic Paxos算法其实是通过两阶段提交来达成共识的，具体如图1-28所示。

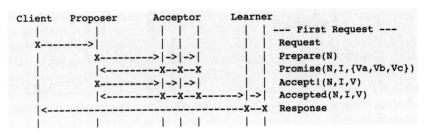

图 1-28　Basic Paxos 算法流程

如果直接通过多次执行Basic Paxos实例来实现一系列值的共识，就会存在一系列问题：准备阶段和接受阶段往返消息多、耗性能、延迟大。

如何解决上述问题呢？

可以通过引入领导者来解决。先选举出具有稳定状态的领导者，领导者节点作为唯一提议者，领导者可以独立指定提案中的值，省掉准备阶段，直接进入接受阶段，如图1-29所示。

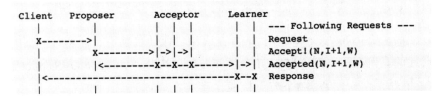

图 1-29　优化后的 Multi-Paxos 流程

 兰伯特提到的Multi-Paxos不是一种算法，而是一种思想。而Multi-Paxos算法是一个统称，它是指基于Multi-Paxos思想，通过多个Basic Paxos实例实现一系列值的共识的算法，比如Chubby的Multi-Paxos实现、Raft算法。

1.6.3　Raft 算法

前面我们简单了解了Paxos算法和Multi-Paxos算法，知道Multi-Paxos是一种思想。本节简单了解常用的共识算法——Raft算法。Raft算法其实也是一种Multi-Paxos算法。Raft算法是分布式系统中常用的共识算法，通过一切以领导者为准的方式实现一系列值的共识和各节点日志的一致。

Raft将问题拆成数个子问题分开解决，让人更容易理解，分别是：

（1）领导选举（Leader Election）。

（2）日志复制（Log Replication）。

（3）安全性（Safety）。

领导选举在1.6节已经介绍过，日志复制在1.7节将会详细介绍。使用Raft算法在集群中选出了领导者节点，选完领导者之后，领导者需要处理来自客户的写请求，并通过日志复制实现各节点日志的一致。

1.7 高可用之一致性算法

1.7.1 一致性分类

谈到一致性，其实在很多地方都存在数据一致性的问题。例如，在并发编程中保证共享变量数据的一致性，数据库的ACID 中的 C（Consistency，一致性），分布式系统的 CAP 理论中的 C（Consistency，一致性）。业界通常会把一致性笼统地分为如下3类：

（1）强一致性（Strong）：数据A一旦写入成功，在任意副本、任意时刻都能读到A的最新值。强一致性的案例很多，例如MySQL全同步复制（Fully Synchronous Replication），现在有一个MySQL集群，由一主两备3个节点构成，那么在全同步复制模式下，主库与备库同步binlog时，主库只有在收到两个备库的成功响应后，才能够向客户端反馈提交成功。用户获得响应时，主库和备库的数据副本已经达成一致，所以后续的读操作肯定是一致的。

（2）弱一致性（Weak）：写入数据A成功后，在数据副本上可能读出来，也可能读不出来，不能保证多长时间之后每个副本的数据一定是一致的。弱一致性在生产环境中基本没什么应用场景。

（3）最终一致性（Eventually）：最终一致性是弱一致性的一个特例。写入数据A成功后，在其他副本有可能读不到A的最新值，但在某个时间窗口之后保证最终能读到。这里的重点是"时间窗口"。弱一致性的典型代表是NoSQL产品，在主副本执行写操作并反馈成功时，不要求其他副本与主副本保持一致，但在经过一段时间后，这些副本最终会追上主副本的进度，重新达到数据状态的一致。

1.7.2 Gossip 协议（最终一致性）

Gossip协议也叫Epidemic协议（流行病协议），或者流言协议，是基于流行病传播方式的节点或者进程之间信息交换的协议。Gossip协议在1987年8月由施乐公司的帕洛阿尔托研究中心的研究员艾伦·德默斯（Alan Demers）发表在ACM上的论文"Epidemic Algorithms for Replicated Database Maintenance"中被提出。它是一种消息传播协议。

流言传播可以用程序员散播谣言为例。假设每小时程序员都会聚集在饮水机周围，每个程序员与另一个随机选择的程序员闲聊，并分享最新的八卦。某一天，张三开始了一个新的谣言，张三对李四说："听说王五有女朋友了，而且非常漂亮"。在下一次，李四向赵六重复了这个八卦。每次饮水机闲聊后，听到谣言的人数大约增加一倍。经过一段时间，最终所有的人都知道了这个消息。

计算机系统通常以一种随机"对等选择"的形式实现这种类型的协议：在给定的频率下，每台机器随机选择另一台机器并分享任何谣言。

Gossip协议是基于六度分隔理论（Six Degrees of Separation）哲学的体现，简单来说，就是一个人通过6个中间人可以认识世界上的任何人。数学公式是：

$$n = \frac{\log(N)}{\log(W)}$$

其中n表示复杂度，N表示人的总数，W表示每个人的联系宽度。依据邓巴数，若每个人认识150人，其六度就是$150^6 = 11\,390\,625\,000\,000$（约11.4M）。消除一些节点重复，也几乎覆盖了整个地球人口的数倍以上。

Gossip协议的定义十分简单，所以实现方式非常多，可能有几百种Gossip协议变种，因为每个使用场景都可能根据公司的特定需求进行定制。

下面介绍一种比较原始的Gossip协议实现的执行过程、消息类型、通信方式。以下为Gossip协议的执行过程：

步骤01　种子节点周期性地散播消息。

步骤02　被感染节点随机选择 N 个邻接节点散播消息（N 可自定义设置）。

步骤03　节点只接收消息，不反馈结果。

步骤04　每次散播消息都选择尚未发送过的节点进行散播，收到消息的节点不回传散播。例如，张三传播给李四，那么李四进行散播的时候，不再传播给张三。

如图1-30和图1-31所示，通过Goosip协议Server1~Server5相互交换信息，最终保证数据的一致性。

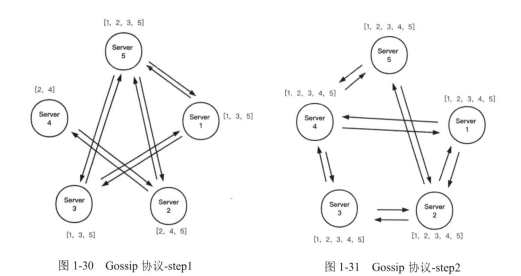

图 1-30   Gossip 协议-step1   图 1-31   Gossip 协议-step2

Goosip 协议的信息传播和扩散通常需要由种子节点发起。整个传播过程需要一定的时间，由于不能保证某个时刻所有节点都收到消息，但是理论上最终所有节点都会收到消息，因此它是一个最终一致性协议。

在Gossip协议中，有两种比较流行的消息传播方式，分别是反熵传播（Anti-Entropy）和谣言传播（Rumor-Mongering）。

（1）反熵传播

熵是指混乱程度，反熵就是指消除不同节点中数据的差异，提升节点间数据的相似度，降低熵值。反熵传播过程是每个节点周期性地随机选择其他节点，然后通过互相交换自己的所有数据来消除两者之间的差异。

反熵传播方法每次节点两两交换自己的所有数据都会带来非常大的通信负担，因此不会频繁使用，通常只用于新加入节点的数据初始化。

（2）谣言传播

谣言传播指的是当一个节点有了新数据后，这个节点变成活跃状态，并周期性地联系其他节点向其发送新数据，直到所有的节点都存储了该新数据。例如，节点A向节点B、D发送新数据，节点B收到新数据后，变成活跃节点，再向节点C、D发送新数据。

无论是反熵传播还是谣言传播都涉及节点间的数据交互方式，Gossip网络中两个节点之间存在3种通信方式：

- 推（Push）：发起信息交换的节点A随机选择联系节点B，并向其发送自己的信息，节点B在收到信息后更新比自己新的数据，一般拥有新信息的节点才会作为发起节点。
- 拉（Pull）：发起信息交换的节点A随机选择联系节点B，并从对方获取信息。一般无新信息的节点才会作为发起节点。
- 推拉（Push&Pull）：发起信息交换的节点A向选择的节点B发送信息，同时从对方获取数据，用于更新自己的本地数据。

1.7.3　Quorum NWR 算法

CAP理论中的一致性一般指的是强一致性，也就是说写操作完成后，任何后续访问都能读到更新后的值。而BASE理论中的一致性指的是最终一致性，也就是说写操作完成后，任何后续访问都可能会读到旧数据，但是整个分布式系统的数据最终会达到一致。

那么，如果我们的系统现在是最终一致性模型，也就是AP模型，突然有一天因为业务需要，要临时保证节点间数据的强一致性，有没有办法临时做这样的改造呢？

一种办法是重新开发一套系统，但显然成本太高了。另一种办法就是本小节要介绍的Quorum NWR算法。通过 Quorum NWR算法，我们可以自定义一致性级别。

Quorum NWR算法中有3个要素：N、W、R，它们是 Quorum NWR 的核心内容，我们就是通过组合这3个要素实现自定义一致性级别的。

- N表示副本数，又叫作复制因子（Replication Factor）。也就是说，N 表示集群中同一份数据有多少个副本。注意，副本数不等同于节点数。在实现Quorum NWR的时候，我们需要实现自定义副本数的功能，比如用户可以指定data-1有两个副本，data-2有3个副本，data-3有3个副本，如图1-32所示。

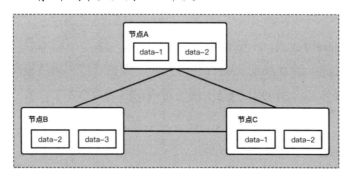

图 1-32　3 节点集群

- W又称写一致性级别（Write Consistency Level），表示成功完成 W 个副本更新才完成写操作，对data-2执行写操作时，完成两个副本的更新（节点B、C）才完成写操作，即W此时为2。
- R又称读一致性级别（Read Consistency Level），表示读取一个数据对象时需要读R个副本。对data-1执行读操作，客户端读取data-1的数据时，需要读取两个副本中的数据，然后返回最新的那份数据（这里是重点），即读副本R为2。读取指定数据时，要读R个副本，然后返回 R 个副本中最新的那份数据，无论客户端如何执行读操作，即使访问写操作未强制更新副本节点。这个时候返回给客户端的肯定是最新的那份数据。

除此之外，关于NWR需要注意的是，N、W、R 值的不同组合会产生不同的一致性效果：

- 当W+R>N的时候，对于客户端来讲，整个系统能保证强一致性，一定能返回更新后的那份数据。
- 当W+R≤N的时候，对于客户端来讲，整个系统只能保证最终一致性，可能会返回旧数据。

1.7.4　Quorum NWR 的应用

Cassandra作为NoSQL数据库，在CAP原理上选择了AP，即可用性和分区容忍性，而在数据一致性上通过最终一致性来保证，使用最终一致性的一种延伸——可调一致性来实现。对于任何读写操作，由客户端应用决定请求数据的一致性级别，Cassandra再根据请求的一致性级别响应请求。

1. 写一致性

如果是向Cassandra写数据，一致性级别指定了必须写多少个副本成功后再返回给客户端应用。写可以使用如下一致性级别：ANY是最低的一致性（但可用性最高），ALL是最高的一致性（但可用性最低），QUORUM是中间的可确保强一致性，可以容忍一定程度的故障，具体如表1-5所示。

表 1-5　Cassandra 写一致性级别

一致性级别	说　明
ANY	至少一个节点响应写操作。如果请求的 row key 对应的所有副本节点停止了，接收到请求的节点会记录 HINT 消息和请求数据，然后响应写成功。在 row key 对应的所有副本节点至少有一个启动之前，所有读 row key 会失败，并且 HINT 消息只保留一段时间，如果在这段时间内所有副本节点还不可用，则数据会丢失
ONE	集群中至少有 1 个副本节点写成功
TWO	集群中至少有 2 个副本节点写成功
THREE	集群中至少有 3 个副本节点写成功
QUORUM	集群中至少有 quorum 个副本节点写成功。quorum=(各数据中心副本因子之和)/2+1，假如两个数据中心，1 个数据中心的副本因子是 3，1 个数据中心的副本因子是 2，quorum=(3+2)/2+1=3
LOCAL_QUORUM	集群中同一个数据中心至少有 quorum 个副本节点写成功。quorum=(本数据中心副本因子)/2+1，假如接受请求的节点所在的数据中心的副本因子是 2，则 quorum=(2)/2+1=2
EACH_QUORUM	集群中每个数据中心至少有 quorum 个副本节点写成功。quorum 的计算同 LOCAL_QUORUM
ALL	集群中所有副本节点写成功

2. 读一致性

如果是向 Cassandra 读数据，则一致性级别指定了必须多少个副本响应后再返回给客户端应用结果，具体如表 1-6 所示。

表 1-6　Cassandra 读一致性级别

一致性级别	说　明
ONE	返回集群最近副本（决定于 snitch）的响应
TWO	返回集群中两个最近副本中的最新数据
TNREE	返回集群中 3 个最近副本中的最新数据
QUORUM	返回集群中 quorum 个副本中的最新数据。quorum=(各种数据中心副本因子之和)/2+1，假如两个数据中心，1 个数据中心的副本因子是 3，1 个数据中心的副本因子是 2，quorum=(3+2)/2+1=3
LOCAL_QUORUM	返回集群中当前数据中心 quorum 个副本中的最新数据。quorum=(本数据中心副本因子)/2+1，假如接受请求的节点所在的数据中心的副本因子是 2，则 quorum=(2)/2+1=2
EACH_QUORUM	返回集群中每个数据中心至少有 quorum 个副本中的最新数据。quorum 的计算同 LOCAL_QUORUM
ALL	返回集群中所有副本中的最新数据

可用的一致性级别包括 ONE、TWO、THREE，分别指定必须响应请求的复制节点的绝对数量。一致性级别 QUORUM 要求大多数复制节点响应（复制因子/2+1）。一致性级别 ALL

要求所有副本都响应。对于读写操作，ANY、ONE、TWO、THREE 都是弱一致性，QUORUM和ALL是强一致性。

1.7.5 Raft 日志一致性

日志复制可以说是Raft集群的核心之一，保证了Raft数据的一致性。在 Raft 算法中，副本数据是以日志的形式存在的，每条日志由很多日志项组成。

日志项是一种数据格式，它主要包含用户指定的数据（或叫指令），还包含一些附加信息，比如索引值（Log Index）、任期编号（Term）。如果一个日志项已存储在过半节点中，则该日志项状态为已提交，具体如图1-33所示。

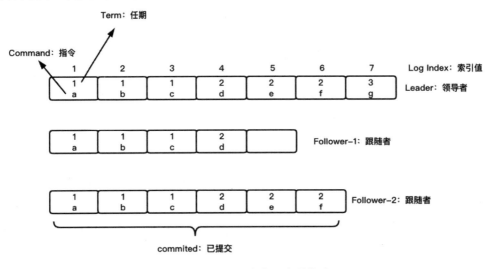

图 1-33   Raft 日志和日志项格式

图1-33是有一个Leader和两个Follower组成的Raft集群。Raft保证通过日志项索引号和任期号可唯一确定一条日志项。在多个节点中，同一个索引号、任期号的日志项是完全一致的，该日志项之前的所有日志项也是一致的。如果某个日志项是已提交状态，则该日志项的所有前序日志项均为已提交状态。如果索引号为6的日志项为已提交状态，索引号1~5的所有日志项均为已提交状态。

- 索引值：日志项对应的整数索引值，是一个连续的、单调递增的整数号码。
- 任期编号：创建这条日志项的领导者的任期编号。
- 指令：一条由客户端请求指定的、状态机需要执行的指令，可以将指令理解成客户端指定的数据。

那么Raft如何进行日志复制呢？具体流程如图1-34所示。

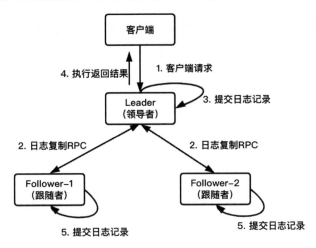

图 1-34 日志复制的流程

步骤 01 收到客户端请求后，基于客户端请求中的指令创建一个新日志项，并附加到本地日志中。

步骤 02 领导者 Leader 通过日志复制（AppendEntries）RPC 将新的日志项复制到其他的服务器。

步骤 03 当 Leader 将日志项成功复制到大多数的服务器上的时候，Leader 会将这条日志项应用到它的状态机中。

步骤 04 Leader 将执行的结果返回给客户端。

步骤 05 当 Follower 接收到新的日志复制 RPC 或者心跳信息消息后，如果 Follower 发现 Leader 已经提交了某条日志项，而它还没应用，那么 Follower 就将这条日志项应用到本地的状态机中。

上述流程是一个理想状态下的日志复制过程。在实际环境中，复制日志的时候可能会遇到问题，例如进程崩溃、服务器宕机等，这些问题会导致日志不一致。那么在这种情况下，Raft 算法是如何处理不一致日志，实现日志的一致性的呢？

Raft是通过强制Follower复制Leader日志来调整日志的一致性的，所以当Follower与Leader 出现日志不一致时，Follower日志将会被Leader日志覆盖。具体有两个步骤：

（1）Leader通过日志复制RPC的一致性检查，找到Follower节点上与自己相同日志项的最大索引值。也就是说，这个索引值之前的日志，Leader和Follower是一致的，之后的日志是不一致的。

（2）Leader强制Follower更新覆盖不一致的日志项，实现日志的一致性。

要使Leader与Follower保持一致性的状态，需要两者找到一致性的位置，删除Follower该位置之后所有的日志项，并发送Leader日志给Follower。

Leader通过每一个Follower维护了一个nextIndex，表示下一个需要发送给Follower的日志项索引地址，Leader刚获得选举时，初始化所有nextIndex值为自己的最后一条日志的index加1；当Follower的日志和Leader不一致时，在下一次的日志复制时的一致性检查会失败，被Follower拒绝后，Leader就会减小nextIndex值进行重试，nextIndex会在某位置使Leader和Follower日志达成一致。

当日志达成一致时，Follower会接受该日志的复制请求，这时Follower冲突的日志项将全部被Leader的日志所覆盖。一旦日志复制成功，Follower的日志就会和Leader保持一致，并且在接下来的任期里一直继续保持。

注意　在一个Raft集群中，只有Leader节点能够接受客户端的请求，追随者只能够接受领导者的日志复制请求，并且有两条规则：Leader不删除任何日志、Follower只接收Leader所发送的日志信息。

第 2 章

应用的高可用

本章主要介绍影响软件质量的因素、应用的优雅关闭与启动、无状态服务、重试、幂等、健康检查、流量削峰、负载均衡、限流、熔断、降级、故障检测、故障隔离、集群容错以及集群部署等内容。

2.1 软件质量对高可用的影响

2.1.1 影响写出高质量代码的原因

代码质量直接影响应用的高可用，这是毋庸置疑的。因此，了解影响代码质量的因素非常关键，有助于我们解决软件质量存在的问题。图2-1给出了部分影响写出高质量代码的因素。

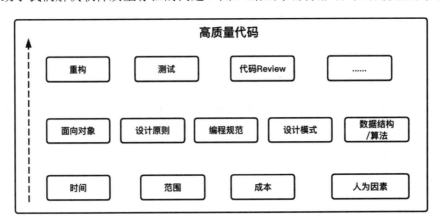

图 2-1 高质量代码的部分影响因素

具体说明如下：

- 时间：一个功能，1天和1周开发周期的代码质量肯定是完全不一样的。
- 范围（需要实现多少功能）：时间和成本固定的情况下，实现1个需求和100个需求的代码质量肯定也是完全不一样的。
- 成本：一个应用，投入1万和投入1000万的代码质量肯定是完全不一样的。

以上就是项目管理的三个重要因素：时间、范围、成本。三者组成了等边三角形，应用的质量是三角形的面积，如图2-2所示。

图 2-2   项目管理黄金定律

一个应用既想要投入的人力成本低，又想要拥有更多的功能和快速上线，几乎是不可能的。大家都知道，广告宣传要"多、快、好、省"，如果用于应用的质量管理，"多"指工作范围大，"快"指时间短，"好"指质量高，"省"指成本低。这四者之间是相互关联的，提高一个指标的同时会降低另一个指标。这样出来的最终结果就是一个完全变形的三角形（类似于CAP理论）。

时间、范围以及成本这些因素是管理者需要考虑的，对于普通的研发人员，需要注意哪些因素呢？下面介绍一些内功和心法。

面向对象有封装、继承、多态等丰富的特性，是很多设计原则、设计模式的基础。谈到面向对象，可能大家经常听到这些词：OOA（Object Oriented Analysis，面向对象分析）、OOD（Object Oriented Design，面向对象设计）、OOP（Object Oriented Programming，面向对象编程），那它们到底是讲什么的呢？面向对象分析、面向对象设计、面向对象编程是软件开发要经历的3个阶段：

（1）面向对象分析：类似于软件开发中的需求分析。

（2）面向对象设计：类似于软件开发中的系统设计，分析和设计的最终产物就是类的设计（类的方法和属性、类之间的交互等）。

（3）面向对象编程：面向对象编程就是将分析和设计的结果翻译成代码的过程，是一种编程范式（面向过程编程、面向对象编程、函数式编程），以类和对象作为组织代码的基本单元，包含封装、继承、多态等特性，是代码设计和实现的基石，具体如图2-3所示。

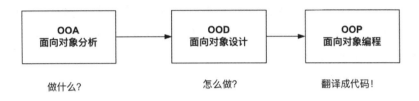

图 2-3 项目管理黄金定律

总之，面向对象分析就是要搞清楚做什么（产出：详细的需求描述），面向对象设计就是要搞清楚怎么做（产出：类），面向对象编程就是将分析和设计的结果翻译成代码的过程。

- 设计原则：设计原则是指导我们设计的经验总结。设计原则相对来说比较抽象，概念比较模糊。设计原则是设计模式诞生的依据，包括单一职责原则、开闭原则、接口分隔原则、里氏替换原则、依赖倒置原则、迪米特法则。
- 设计模式：一个设计模式至少包含一种设计原则，设计模式是前辈针对开发中经常碰到的一些设计问题总结出的一套解决方案或者设计思路，设计模式比较具体，更加可执行。如图2-4所示为23种设计模式。

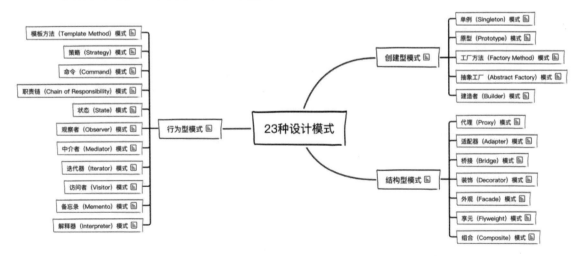

图 2-4 23 种设计模式

- 数据结构/算法：数据结构和算法本身解决的是"快"和"省"的问题，即如何让代码运行得更快，如何让代码更节省存储空间。算法执行效率也影响着软件质量，那么，如何来衡量所编写的算法代码的执行效率呢？主要是进行时间、空间复杂度分析。

- 编程规范：主要解决代码的可读性问题、编程规范偏向代码细节，小重构依赖于编程规范，例如《阿里巴巴Java开发手册》包含数据库规范、代码规范、工程规范等。

- 重构：提高代码质量的有效手段，需要用到面向对象、设计原则、设计模式、编程规范等理论，根据破窗理论（以一幢有少许破窗的建筑为例，如果那些窗不被修理好，可能将会有破坏者破坏更多的窗户；一面墙，如果出现一些涂鸦没有被清洗掉，很快墙上就会布满乱七八糟、不堪入目的东西；一条人行道有些许纸屑，不久后就会有更多垃圾，最终人们会理所当然地将垃圾顺手丢弃在地上），坏味道的代码如果不即时重构掉，后续会导致更多的代码"变坏"。

- 单元测试：坚持进行单元测试是保证代码质量的一个"杀手锏"，测试还包括性能测试、压力测试、测试用例等。进行不同类型的测试可以大大提高应用的质量，比如上线之前的压力测试可以防止因流量过大而压垮应用。

- 代码审查：包括人工审查和代码自动审查，代码审查有利于提前发现代码漏洞，防止发生线上事故。后续章节会详细介绍。

- 人为因素：例如程序员的职业素养、价值观、道德等因素。

影响代码质量的因素不止这些，限于篇幅，无法一一展开，这里仅列举部分内容。接下来我们重点讲解代码重构和代码审查这两部分内容。

2.1.2 代码重构

一个稳定而庞大的系统不是架构出来的，而是重构出来的。

——阿里巴巴 孤尽

一个作家，不是看他发表了多少文字，而要看他的废纸篓里扔掉了多少。

——巴金

很明显，重构是合理存在的，主要有以下原因：

（1）用户规模的扩大由单体向分布式架构演变。

（2）固有用户的自我进化。

（3）商业竞争的残酷性。

（4）技术栈的更新迭代。

（5）研发团队的自身因素，开发工程师的代码能力，测试的失位，技术管理人员的行政指令，信息不对称，等等。

提及重构，读者估计马上会想到《重构》这本书，代码坏味道的说法就是来源于该书。到底什么样的代码应该被重构呢？质量不好的代码需要被重构。如何判断代码的质量呢？其实需要一些准则来帮助我们判断，这些准则是什么呢？就是前辈们帮助我们总结的编程规范（如《阿里巴巴编程规范》），以及类似于《重构-改善既有代码的设计》《代码整洁之道》这类图书，或者一些代码坏味道扫描工具和插件（如FindBugs、CheckStyle、PDM、SonarLint等）。

我们在进行重构时，不妨打开一段代码，通过扫描工具和插件先扫描一遍，看看是否存在坏味道或者漏洞，修复一波。接着打开《阿里巴巴编程规范》《重构-改善既有代码的设计》《代码整洁之道》这类图书，仔细检查每句代码，识别代码中是否存在书中描述的坏味道，若有则遵循该坏味道所列的重构手法对这段代码进行重构，若无则继续遍历代码。

重构就是如此简单，具备可操作性，能够在任何遗留代码库上实践的技术。最后提醒广大读者，一开始就以合理的方式编程，从而使坏味道不要出现，才是一名有职业素养的程序员应该采取的工作方式。

2.1.3　代码审查概述

卡珀斯·琼斯分析了超过12 000个软件开发项目，其中使用正式代码审查的项目潜在缺陷发现率在60%~65%，若是非正式的代码审查，潜在缺陷发现率不到50%。大部分的测试潜在缺陷发现率会在30%左右。

一般的代码审查速度约是一小时150行代码，对于一些关键的软件（例如安全关键系统的嵌入式软件），一小时审查数百行代码的审查速度太快，可能无法找到程序中的问题。代码审查一般可以找到及移除约65%的错误，最高可以达到85%。

大型的互联网公司都非常重视代码审查。代码审查是一种软件质量保证活动，其中一个或几个人通过查看和阅读程序的部分源代码来检查程序。至少有一个人不能是代码的作者。进行审核的人员（不包括作者）称为"Reviewers"。

通过维基百科的描述，可以清楚地知道代码审查可以极大地提高代码质量，减少线上事故，提高系统的可用性。代码审查有如下作用：

（1）提高研发技术水平。

无论是审查别人的代码，还是被其他人审查代码，都可以促进彼此相互成长进步，例如加深对研发规范的理解、提高代码质量等。

（2）尽早发现程序Bug，提升代码的安全性。

代码审查可以帮助研发人员尽早发现程序Bug，找到程序中存在的像内存泄露及缓存溢出等计算机安全隐患，提升代码的安全性。

根据维基百科的定义，人工检查才是代码审查，机器进行的检查一般叫作代码检查或者代码自动检查，企业中最常用的方法是人工审查和机器检查同时进行。

2.1.4 人工代码审查

关于代码审查可以参考图2-5。

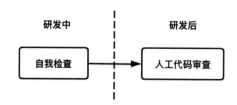

图 2-5   自我检查与人工代码审查

研发人员在提交代码给审核人员进行代码审查之前，一般需要进行自我检查，自我检查有两种方式：

（1）凭借个人的技术和经验，判断不合理的代码，进行自我修复。

（2）使用代码检查工具，例如FindBugs、CheckStyle、SonarLint、PMD等开源工具进行代码扫描，发现不合理的代码。

注意　这些代码检查工具读者可自行了解，因为FindBugs、CheckStyle包含的功能SonarLint都有，所以推荐读者直接使用SonarLint工具。

研发人员自我检查结束后，一般会提交代码到代码仓库（如GitHub、GitLab等），审核人员会开始进行代码审查，这个阶段的代码审查有以下几种常用的方式：

（1）研发人员提交代码后，告知审核人员，审核人员直接使用GitHub（或GitLab）对提交的代码进行审查，在GitHub上进行代码评论，审核人员可以有一个、多个或者整个团队，可根据项目情况进行调整，不过审核人员需要有较强的技术能力，熟悉业务，一般是团队的负责人或者核心开发人员。审查完成后，代码会合并到Master分支，测试人员从Master分支切换到相应的Release分支进行上线即可。严格一点的话，如果测试人员没发现代码审核相关的活动，可以拒绝测试和上线；

（2）面对面（会议）审核代码：对于一些很重要的功能调整，研发人员和审核人员可以面对面（或者会议）地审核代码。

（3）如果团队规模大，可以使用Phabricator+ Arcanist /Gerrit等框架。

1. Phabricator+ Arcanist框架介绍

Phabricator是一套基于Web的软件开发协作工具，包括代码审查工具Differential、资源库浏览器Diffusion、变更监测工具Herald、Bug跟踪工具Maniphest等。Phabricator可与Git、Mercurial和Subversion集成使用。Phabricator最初是Facebook的一个内部工具，主要开发者为Evan Priestley。Evan Priestley离开Facebook后，在名为Phacility的新公司继续Phabricator的开发。

Arcanist是Phabricator创建的代码审查辅助工具，Arcanist的使用非常简单，这里只列举常用的几个命令，具体如下：

```
### 获得有关可用命令的详细帮助信息
arc help [command]
### 创建新的任务
arc diff --create
### 用于更新已有任务，例如arc diff --update D66
arc diff --update <revisonId>
### 显示当前各任务的状态（已经关闭的任务不显示）
arc list
### 用于关闭被Accepted 接受的review任务
arc close-revision <revisionId>
```

Phabricator+ Arcanist代码检查流程如下：

（1）开发者通过IDEA提交变更（注意不要push）。

（2）在命令行中输入：arc diff --create，在弹出的交互式窗口中填写如下主要信息：

```
------------------------------------------------
这是我的git提交信息
```

```
Summary: 写给reviewer的详细说明，多多益善

Test Plan: skip

Reviewers: huangwy

Subscribers:

# NEW DIFFERENTIAL REVISION
# Describe the changes in this new revision.
#
# Included commits in branch master:
#
#       227f30de44bd 这是我的git提交信息
#
# arc could not identify any existing revision in your working copy.
# If you intended to update an existing revision, use:
#
#   $ arc diff --update <revision>

-----------------------------------------------
```

- Summary：非必填，写给reviewer的详细说明，多多益善。
- Test Plan：必填，如果要跳过测试计划，可直接填写skip。
- Reviewers：非必填，由谁来审查，指定多个人用逗号","隔开。
- Subscribers：非必填，任务也会同步给订阅者，多个人用逗号","隔开。

保存后会创建Differential revision并提交到Phabricator（Mac计算机，单击Ctrl+X进行保存）。

（3）查看刚提交的任务：arc list，其中D42是revision-id。

```
> arc list
Needs Review D42: 这是我的git提交信息
......
```

（4）如果要在审查过程中修改之前提交的内容，可使用arc diff --update <revisionId>命令。在本地提交修改后的文件后，通过执行arc diff --update <revisionId>命令会将新的commit提交到Phabricator。

（5）Reviewer收到邮件，登录Phabricator后台进行相应的操作，如图2-6所示。

- Accept Revision：接受修改。

- Request Changes: 要求作者修改。

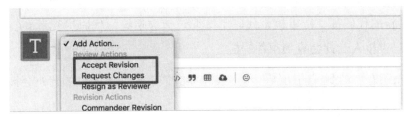

图 2-6　Phabricator 后台 Reviewer 的操作

（6）如果审查通过，即状态为Accepted，就可以push代码到GitLab远程仓库——通过idea push代码或在命令行客户端操作，然后手动关闭review任务。可以使用命令：arc close-revision <revisionId>，也可以在Phabricator Web端关闭。

2. Gerrit框架介绍

Gerrit是一种开放源代码的代码审查软件，使用网页界面。利用网页浏览器，同一个团队的软件开发者可以相互审阅彼此修改后的代码，决定是否能够提交、回退或继续修改。它使用版本控制系统Git作为底层。

Gerrit的工作流程如图2-7所示。

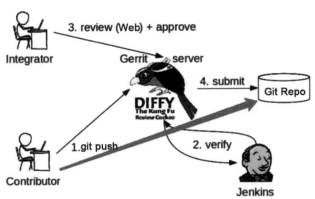

图 2-7　Gerrit 的工作流程

（1）未引入Gerrit框架之前，当程序员的代码开发完成后，通过git add→git commit→git push将代码提交到仓库中。

（2）引入Gerrit框架之后，开发人员的代码先push到Gerrit服务器上，再由代码审核人员（Integrator）在Web页面进行代码的审核（Review），可以单人审核，也可以邀请其他成员一同审核，当代码审核通过（approve）之后，才会被提交（submit）到代码仓库（Repo）；

（3）存在新的代码提交待审核、代码审核通过或被拒绝，代码提交者（Contributor）和所有的相关代码审核人员都会收到邮件提醒。

（4）Gerrit还有自动测试的功能，和主线有冲突或者测试不通过的代码会被直接拒绝。

2.1.5　代码自动检查

在项目开发过程中，研发人员的精力和时间毕竟有限，通过人工代码审查方式不一定能发现代码存在的问题。因此，需要更自动化的方式帮助我们发现代码存在的问题，发出相关的告警提醒研发人员。这里列举一个代码自动检查的方案供读者参考，如图2-8所示。

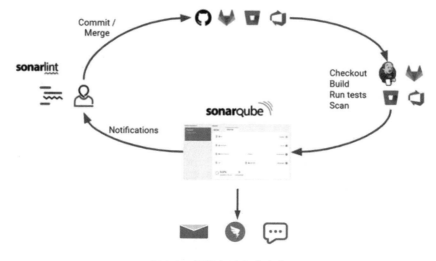

图 2-8　代码自动审查方案

代码自动审查的流程如下：

（1）研发人员通过代码检查工具SonarLint审查，这个阶段属于代码自我审查。

（2）自我审查完成后，研发人员提交代码到仓库（GitHub、GitLab等）。

（3）GitHub通过Webhook自动触发Jenkins执行任务，Jenkins获取GiHub上的代码，通过Sonar分析代码，并把分析结果发送到SonarQube。

（4）研发人员通过登录SonarQube管理系统查看Bug、漏洞以及异味代码等信息，如图2-9所示。

（5）扫描结束后，使用Webhook通过钉钉/邮件/短信的方式通知负责人。

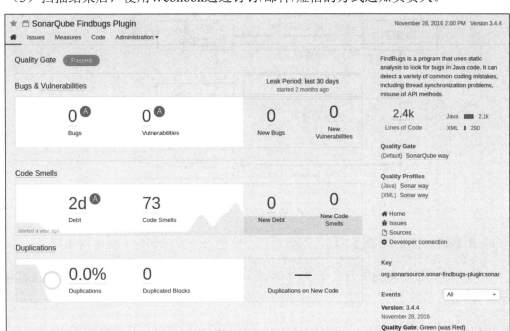

图 2-9　SonrQube 首页

注意　SonarQube是一个开源的代码质量管理系统。

2.2　优雅关闭

既然聊到优雅关闭，首先需要了解什么叫优雅关闭。简单地说，就是对应用进程发送停止指令之后，能保证正在执行的业务操作不受影响。应用接收到停止指令之后，停止接收新请求，但可以继续完成已有请求的处理。

应用关闭的频率很高，比如新功能上线或者修复Bug等应用重新部署、重新启动。

在单体时代下，应用重启期间必然导致服务不可用。单体架构发展到一定程度，系统必然会进行拆分走向微服务架构，拆分后的系统更方便迭代业务。服务之间需要通信，如使用RPC协议或者HTTP进行通信，为别的服务提供接口称为服务提供方（生产者），调用别人接口的服务称为服务调用方（消费者）。当生产者关闭重启时，对于消费者存在以下几种情况（参考图2-10）：

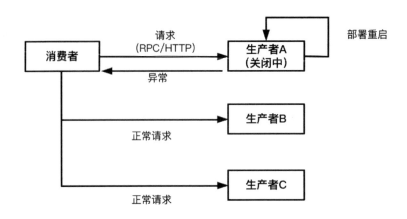

图 2-10   服务提供方部署重启

（1）消费者感知生产者已下线，不会对已下线的节点发起调用，此时请求正常。

（2）消费者无法感知提供方已下线，仍然通过负载均衡的方法对下线的生产者发起调用，此时请求异常。

那如何保证在提供方重启关闭时，调用方正常调用呢？有以下几种方法：

（1）人工通知：提供方人工通知所有的消费者，方法很简单直接。但是，如果消费者有上百个或者上千个，要通知所有的团队，本身沟通成本大，而且消费者团队不一定乐意，明显这种方法不合理。

（2）通过注册中心告知消费者：生产者服务下线，告知注册中心进行下线，然后注册中心告诉消费者进行节点摘除，如图2-11所示。不过存在问题时，注册中心通知消费者都是异步通知的，并不保证实时性（这一点很重要，特别是对于大规模集群来说），不能保证成功把要下线的节点推送给所有的消费者，因此也没办法做到无损关闭。

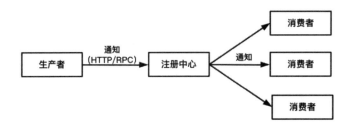

图 2-11   通过注册中心告知消费者

（3）生产者主动告知消费者：生产者正在关闭，此时如果还收到请求，生产者返回特定的异常给消费者。消费者收到异常信息后，得知生产者已经收到该请求，但是生产者正在关闭，消费者把下线的节点从自己的内存中删除，并把请求自动重试到其他的节点，这样就可以实现业务无损。同时，生产者还可以主动告知消费者，避免消费者被动等待通知的情况。如图2-12所示。

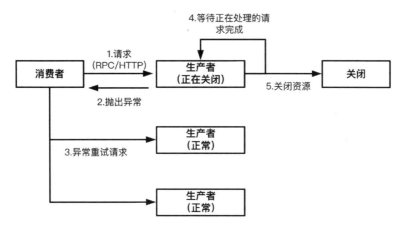

图 2-12　生产者主动告知消费者

有几个问题读者需要特别注意，可以通过Runtime.getRuntime().addShutdownHook()向JVM注册Shutdown Hook线程，当JVM收到停止信号（SIGINT/SIGTERM等信号）后，该线程将被激活运行，负责安全关闭资源，同时负责开启和关闭标识。同时，需要在生产者开发相关的Filter拦截类，当消费者发起请求的时候，拦截类判断生产者的关闭标识，如果正在关闭，则抛出异常。

最后，需要注意的是，在生产者关闭的过程中，如果存在未处理完的请求，且请求处理时间特别长，为了避免服务一直等待无法正常退出，可以考虑加上超时控制，超过指定时间请求没有结束，就强制退出应用，超时时间可以根据具体业务场景选择合理的时间值，例如10s。如果生产者想知道目前有多少未处理完的请求，可以通过请求计数器来记录目前正在处理的请求数，有点类似于停车场入口处提示的剩余车位，每进来一辆车，剩余车位减1，每出来一辆车，剩余车位加1。通过计数器可以快速判断是否有正在处理的请求，可作为我们判断应用是否可以快速关闭的依据。

2.2.1　Java 优雅关闭

Java底层是支持优雅关闭的，Java底层能够捕获到操作系统的SIGINT/SIGTERM停止指令，通过Runtime.getRuntime().addShutdownHook()向JVM注册Shutdown Hook线程，当JVM收到停

止信号后，该线程将被激活运行，这时就可以向其他线程发出中断指令，进而快速而优雅地关闭整个程序。具体代码如下：

```java
/**
 * 描述：Java优雅关闭
 * @author Ay
 * @create 2019/09/01
 **/
public class JavaShutdownTest {

    public static void main(String[] args) {
        System.out.println("step-1: main thread start");
        Thread mainThread = Thread.currentThread();
        //注册一个 Shutdown Hook
        ShutdownSampleHook thread=new ShutdownSampleHook(mainThread);
        Runtime.getRuntime().addShutdownHook(thread);
        try {
            //主线程sleep 30s
            Thread.sleep(30*1000);
        } catch (InterruptedException e) {
            System.out.println("step-3: mainThread get interrupt signal.");
        }
        System.out.println("step-4: main thread end");
    }
}

/**
 * 钩子
 */
class ShutdownSampleHook extends Thread {

    //主线程
    private Thread mainThread;

    @Override
    public void run() {
        System.out.println("step-2: shut down signal received.");
        //给主线程发送一个中断信号
        mainThread.interrupt();
        try {
            mainThread.join(); //等待mainThread正常运行完毕
        } catch (InterruptedException e) {
            e.printStackTrace();
        }
    }
```

```
        System.out.println("step-5: shut down complete.");
    }

    /**
     * 构造方法
     * @param mainThread
     */
    public ShutdownSampleHook(Thread mainThread) {
        this.mainThread=mainThread;

    }
}
```

- mainThread.interrupt()：该方法将给主线程发送中断信号。如果主线程没有进入阻塞状态，则interrupt()不起什么作用；如果主线程处于阻塞状态，则该线程将得到一个InterruptedException 异常。
- mainThread.join()：等待mainThread正常运行完毕。

执行JavaShutdownTest类的main方法，程序运行结果如下：

```
step-1: main thread start
step-4: main thread end
step-2: shut down signal received.
step-5: shut down complete.
```

再次执行main方法，在程序运行过程中，按Ctrl+C组合键程序很快就结束了，最终输出的是：

```
step-1: main thread start
step-4: main thread end
step-2: shut down signal received.
step-5: shut down complete.
```

从运行结果得知，我们简单地实现了Java应用程序的优雅关闭。

这里补充Linux kill命令的知识点。在Linux操作系统中，kill命令用于终止指定的进程。kill命令常用的信号选项如表2-1所示。

表 2-1　kill 命令常用的信号选项

信号编号	信 号 名	含 义
0	EXIT	程序退出时收到该信息
1	HUP	重新加载进程

信号编号	信 号 名	含 义
2	INI	表示结束进程，但不是强制性的，常用的 Ctrl+C 组合键发出的就是一个 kill -2 的信号
3	QUIT	退出
9	KILL	杀死进程，即强制结束进程
11	SEGV	段错误
15	TERM	正常结束进程，是 kill 命令的默认信号

2.2.2　Spring Boot 微服务优雅关闭

Java Web服务器通常也支持优雅关闭，例如Tomcat提供如下命令：

```
### 先等n秒，再停止tomcat
catalina.sh stop n
### 先等n秒，再kill -9 tomcat
catalina.sh stop n -force
```

如果Spring Boot Web项目使用外置Tomcat，可以直接使用上面的tomcat命令完成优雅关闭。但通常使用的是内置Tomcat服务器，这时就需要编写代码来支持优雅关闭。

可能有些读者会问，Spring Boot的Actuator端点不是提供了shutdown优雅关闭功能吗？官方文档也是这么宣传的，但其实并没有实现优雅关闭功能。

下面简单实现一下Spring Boot的优雅关闭代码。我们增加GracefulShutdown监听类，当Tomcat收到kill信号后，应用程序先关闭新的请求，然后等待30秒，最后结束整个程序。

```
/**
 * 描述：优雅关闭
 * @author ay
 * @date 2019-09-01
 */
public class GracefulShutdown implements TomcatConnectorCustomizer,
ApplicationListener<ContextClosedEvent> {
    private static final Logger log =
LoggerFactory.getLogger(GracefulShutdown.class);
    private volatile Connector connector;

    @Override
    public void customize(Connector connector) {
        this.connector = connector;
    }
```

```
/**
 * 描述：监听上下文关闭事件
 * @param event
 */
@Override
public void onApplicationEvent(ContextClosedEvent event) {
    Executor executor = this.connector.getProtocolHandler().
      getExecutor();
    if (executor instanceof ThreadPoolExecutor) {
        try {
            //不再接受新的线程，并且等待之前提交的线程都执行完后再关闭
            ThreadPoolExecutor threadPoolExecutor = (ThreadPoolExecutor)
              executor;
            threadPoolExecutor.shutdown();
            if (!threadPoolExecutor.awaitTermination(30, TimeUnit.SECONDS)) {
            log.warn("Tomcat thread pool did not shut down gracefully within"
                    + "30 seconds. Proceeding with forceful shutdown");
            }
        } catch (InterruptedException ex) {
            Thread.currentThread().interrupt();
        }
    }
}
```

- Connector: 用于接收请求并将请求封装成Request和Response来进行具体的处理，最底层使用socket来进行连接。Request和Response是按照HTTP封装的，所以Connector同时实现了TCP/IP和HTTP，Request和Response封装完成之后交给Container来处理，Container就是Servlet的容器，Container处理完成后返回给Connector，最后Connector使用Socket将结果返回客户端请求完成。

- ProtocolHandler: 在Connector中具体使用ProtocolHandler来处理请求，不同的ProtocolHandler代表不同的连接类型。例如，Http1Protocol使用普通的Socket连接，而Http1BioProtocol则使用NioSocket连接。

- Executor: Connector建立连接后，服务器会分配一个线程（可能是从线程池）为这个连接服务，即执行doPost等方法。执行完毕后回收线程。显然这一步是一个同步的过程，Tomcat对应的是Executor。

- ThreadPoolExecutor.shutdown(): 不再接受新的线程，并且等待之前提交的线程都执行完毕后再关闭。

在@SpringBootApplication入口类中增加下面的代码，注册之前定义的Connector监听器：

```
@Bean
public GracefulShutdown gracefulShutdown() {
    return new GracefulShutdown();
}

@Bean
public ConfigurableServletWebServerFactory webServerFactory(final
    GracefulShutdown gracefulShutdown) {
    TomcatServletWebServerFactory factory = new TomcatServletWebServerFactory();
    factory.addConnectorCustomizers(gracefulShutdown);
    return factory;
}
```

该方案的代码来自官方issue中的讨论，添加这些代码到Spring Boot项目中，重新启动之后发起测试请求，然后发送kill停止指令（kill -2、kill -15）。测试结果是正在执行的操作不会终止，直到执行完成，不再接受新的请求，最后正常终止进程（业务执行完成后，进程立即停止）。

2.3　优雅启动

上一节我们了解到服务的优雅关闭，简单来说就是对应用进程发送停止指令之后，能保证正在执行的业务操作不受影响。应用接收到停止指令之后，停止接收新请求，但可以继续完成已有请求的处理。服务为什么会有优雅启动呢？类似于你早上刚刚起床，有点没精神，需要刷刷牙、洗洗脸，缓一缓精神才慢慢恢复。对于应用来说也是一样的，例如一个Java应用，在运行过程中，JVM虚拟机把高频的代码编译成机器码，被加载过的类会被缓存到JVM缓存中，再次使用时不会触发临时加载，使得"热点"代码的执行不用每次都通过解释，从而提升执行速度。但是，应用重启后所有这些热点代码、JVM缓存都会被清掉，在高并发流量下，一个还没睡醒的应用就要面对巨大的流量，可能会导致应用宕机。

所以，优雅启动应用要解决的主要问题是：刚刚睡醒的应用不要一下子承担太多的流量，让它缓一缓,等回过神后再继续扛重任。优雅启动应用的具体方法是预热启动以及延迟暴露等。

2.3.1　预热启动

预热启动是指当系统长期处于低水位时，若流量突然增加，可能会令系统水位瞬间升高，进而导致系统崩溃。通过配置预热启动规则可以让通过的流量缓慢增加，在一定时间内逐渐增加到阈值上限，给冷系统一个预热的时间，避免冷系统崩溃。讲得通俗点，就是刚刚启动睡醒的应用，不要让它一下子承担全部流量，而是让它被调用的次数随着时间的推移慢慢增加，最终和已经运行一段时间的水平一样。

例如，配置启动方式为预热启动，预热时间为200s，启动该配置规则后，可以看到流量增长趋势如图2-13所示。

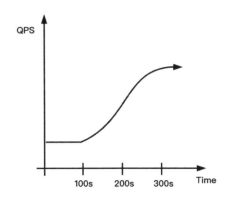

图 2-13　预热启动流量趋势

知道预热启动的重要性后，我们该怎么做呢？很明显，第一个需要解决的问题是，如何区分应用是刚刚启动的。方法也很简单，生产者（服务提供方）在启动的时候可以把自己的启动时间告诉注册中心，消费者拿到生产者的IP列表和启动时间后，可以根据权重的负载均衡策略，让刚刚启动的生产者的权重随着时间的推移慢慢变大，最后达到正常水平。

2.3.2　延时注册

在应用启动的过程中会加载相关的依赖类以及初始化各种资源，可能服务还未启动完成，就注册到注册中心。如果服务提供方没启动完成，但是调用方获取到了服务提供方的IP信息，发起了RPC调用，就可能导致调用失败。

解决方法比较简单，可以在服务提供方启动后，接口或者服务注册到注册中心之前，预留一个Hook，用户可以自定义实现Hook接口，在Hook中模拟调用逻辑，从而使JVM指令能够预热起来，而且用户可以在Hook中事先预加载一些资源，只有等所有的资源都加载完成后，最后才把接口注册到注册中心。如图2-14所示。

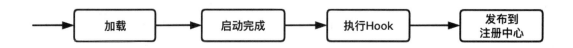

图 2-14　延时注册执行流程

2.4　服务状态

2.4.1　无状态服务

高可用最重要的原则是"消除单点"，那么，如何避免单点呢？答案是集群部署。但是集群部署的关键点是避免将服务的状态和机器绑定，即将服务无状态化——每个服务都是一样的。参考图2-15所示。

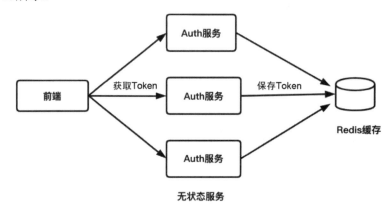

图 2-15　无状态服务示例

比如服务A不能存储状态相关的数据（static修饰的数据存储），这样就能做到水平扩容，每个服务都是一样的，随意增加或者删除节点都没什么问题。如果服务是有状态的，那么就不能随意增加/删除机器，因为删除的机器上面存储的数据只有这台机器上有，删掉了就会丢失数据或者导致数据异常，简单来讲就是数据尽量不要跟机器绑定（无状态），这样服务就可以在机器中随意移动。

服务无状态化是单点服务进行水平扩展的前置条件，但是像存储服务本身很难无状态化，因为数据要存储在磁盘上，本身就要和机器绑定，这种场景一般须通过冗余多个备份的方式来解决单点问题。

2.4.2　有状态服务

有状态服务示例如参考图2-16所示。

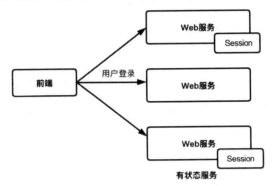

图 2-16　有状态服务示例

与无状态服务相反，有状态服务在服务端保留之前请求的信息，用以处理当前的请求，比如Session信息等，例如以下代码：

```
private static final HashMap sessionCache = new HashMap();
```

数据库服务也属于有状态服务，无状态服务在水平扩展上有非常优秀的表现，但需要把状态存放在第三方存储上，增加了网络开销。有状态服务和无状态服务各有优劣，它们在一些情况下是可以转换的，有时候也可以共用，所以，并不能全部否定有状态服务。

2.4.3　实现无状态

无状态服务在任何时候都不存储数据（除缓存外），可以任意销毁创建，用户数据不会发生丢失，可以任意切换到任何一个副本，不影响用户。

如何把服务的状态和机器解耦呢？为了做出无状态的服务，通常需要把状态保存到其他地方。比如，不太重要的数据可以放到 Redis 中，重要的数据可以放到 MySQL 中，或者像ZooKeeper/Etcd这样高可用的、强一致性存储中，或者分布式文件系统中。

无状态服务设计要点如下：

（1）保证冗余部署的多个模块（进程）完全对等。

（2）请求提交到冗余部署的任意模块，处理结果完全一样。

（3）模块不存储业务的上下文信息。

（4）仅根据每次请求携带的数据进行相应的业务逻辑处理。

2.5　重　试

2.5.1　重试概述

在微服务架构中，一个大系统被拆分成多个微服务，微服务之间存在大量RPC调用，可能会因为网络抖动、网络设备（如DNS服务、网卡、交换机、路由器）不稳定等原因导致RPC调用失败，这时候使用重试机制可以提高请求的最终成功率，减少故障影响，让系统运行更稳定。需要明白的是，"重试"的前提是我们认为这个故障是暂时的，而不是永久的，否则重试没有任何意义。

最简单的重试应该如何做呢？能想到的最直接的办法就是在代码逻辑中捕获异常，但是这样做显然不够优雅。这时就需要有一套完善的重试机制。

2.5.2　重试风险

重试是有风险的，重试虽然可以提高服务的稳定性，但重试不当可能会扩大故障。重试会加大直接下游的负载。假设服务A调用服务B，重试次数设置为r（包括首次请求），当服务B高负载时很可能调用失败，这时服务A进行重试，服务B的被调用量快速增大，最坏情况下可能放大到r倍，不仅不能请求成功，还可能导致服务B的负载继续升高，甚至重试请求直接打挂，具体如图2-17所示。

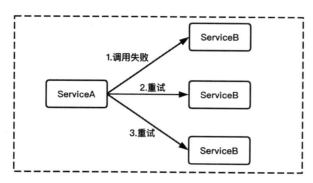

图2-17　服务重试导致故障扩大

更可怕的是，重试可能导致服务雪崩。如图2-18所示，服务A调用服务B，服务B调用服务C，均设置重试次数为3。如果服务B调用服务C，请求并重试3次都失败，这时服务B会给服务

A返回失败。但是服务A也有重试的逻辑，服务A重试服务B三次，这样算起来，服务C就会被请求9次，实际上呈指数级扩大。假设正常访问量是n，链路一共有m层，每层重试次数为r，则最后一层受到的访问量最大，为n×r^(m-1)。这种呈指数放大的效应是很可怕的，可能导致链路上多层服务都被重试请求打挂，整个系统雪崩。

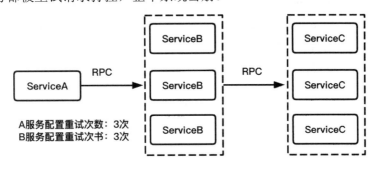

图 2-18 服务重试导致系统雪崩

2.5.3 退避策略

一般来说，关于重试的设计都需要有一个重试的最大值，经过一段时间不断地重试后，就没有必要再重试了。在重试过程中，每一次重试失败时都应该休息一会儿再重试，也可以打散上游重试的时间，这样可以避免因为重试过快而导致服务负担加重。

在重试的设计中，一般都会引入Exponential Backoff的策略，也就是所谓的"指数级退避"。在这种情况下，每一次重试所需要的休息时间都会成倍增加。决定等待多久之后再重试的方法叫作退避策略，常见的退避策略说明如下：

- 线性退避：每次等待固定时间后重试。
- 随机退避：在一定范围内随机等待一定时间后重试。
- 指数退避：连续重试时，每次的等待时间都是前一次的倍数。

2.5.4 重试熔断策略

除了按照用户配置的退避策略进行重试外，更重要的是根据重试请求的成功率判断是否要继续重试。如果服务不受限制地重试下游，很容易造成下游宕机。

实现的方案其实很简单，可以基于断路器的思想给重试增加熔断功能。采用常见的滑动窗口的方法来实现，在内存中维护一个滑动窗口，比如窗口分5个桶（bucket），每个桶记录1s内请求结果的数据（成功/失败）。新的1秒到来时，生成新的桶，并淘汰最早的一个桶，只维持5s的数据。在新请求失败时，根据前5s内的失败/成功比率是否超过阈值来判断是否可以重试。参考图2-19所示。

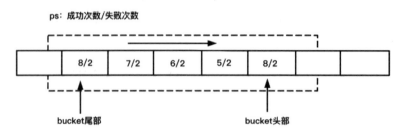

图 2-19　重试熔断策略

2.5.5　链路重试熔断

重试熔断虽然可以有效防止无效的重试请求，但是随着链路的级数增长，也会不断扩大调用的次数，所以需要从链路层面限制每层都发生重试。主要有以下几种方法：

1. 约定重试状态码

链路层面防重试风暴的核心是限制每层都发生重试，理想情况下只有最下一层发生重试。可以统一约定特殊的状态码，该状态码表示调用失败，不需要重试。任何一级服务重试失败后，都生成该重试状态码并返回给上层。上层收到该状态码后停止对下游重试，并将错误码再传给自己的上层。理想情况下只有最下一层发生重试，上游收到错误码后都不会重试。约定重试状态码依赖于各层之间相互传递错误码，对业务代码有一定的侵入性。同时，可能因为各种原因导致没有把下游拿到的错误码传递给上游。

2. 在协议中透传状态码

如果企业是自定义的RPC协议，可以在响应结果中通过协议扩展字段携带错误码（比如no retry），RPC组件实现错误码生成、识别以及传递等整个生命周期的管理。这样对业务服务来说就是透明的了，所有的逻辑都由重试组件和RPC组件完成，如图2-20所示。

图 2-20　在协议中透传状态码

响应结果中透传状态码有一个缺点：如果出现请求超时，就会导致错误码无法传递，例如A→B→C的场景，如图2-21所示。

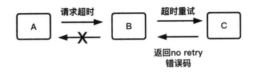

图 2-21　请求超时，响应参数无法透传 no retry 错误码

假设B→C超时，B重试请求C，这时候很可能A→B也超时了，所以A没有拿到B返回的错误码，还是会重试B。虽然B重试C且生成了重试失败的错误码，但是不能再传递给A。这种情况下，A还是会重试B，如果链路中每一层都超时，最终还是会出现链路指数扩大的效应。

为了处理这种情况，可以再请求携带特殊的重试标识，在上面A→B→C的链路，当B收到A的请求时，会先读取这个标识判断请求是不是重试请求，如果是，那它调用 C 即使失败也不会重试；否则调用C失败后会重试C。同时，B会把重试标识往下传，它发出的请求也会有这个标志，它的下游也不会再对这个请求重试。这种方案可以实现"对重试请求不再重试"。参考图2-22所示。

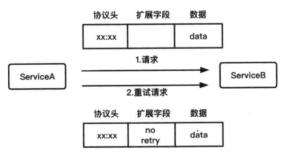

图 2-22　请求参数透传 no retry 错误码

2.5.6　重试超时

在TCP/IP中，TTL（Time To Live）用于判断数据包在网络中的时间是否太长而应被丢弃。参考TTL设计，重试也可以设置全链路超时，简称DDL（Deadline Request），用来判断当前的请求是否还需要继续下去，如图2-23所示。

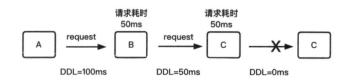

图 2-23　全链路超时

在请求调用链中带上DDL时间，并且每经过一层就减去该层处理的时间，如果剩下的时间已经小于等于0，则可以不再请求下游，直接返回失败即可。DDL方式能有效减少对下游的无效调用，做到最大限度地减少无用的重试。

2.6　幂　等

2.6.1　非幂等原因

一般情况下，接口调用时都能正常返回信息，不会重复提交，不过在遇见以下情况时可能就会出现问题，例如：

- 前端重复提交表单：在填写一些表格的时候，用户填写完成后提交，很多时候会因网络波动没有及时对用户做出提交成功响应，致使用户认为没有成功提交，重复单击"提交"按钮，这时就会出现重复提交表单请求的情况。
- 用户恶意进行刷单：例如在实现用户投票这种功能时，如果用户针对一个用户重复提交投票，这样会导致接口接收到用户重复提交的投票信息，导致投票结果与事实严重不符。
- 接口超时重复提交：很多时候HTTP客户端工具都默认开启超时重试的机制，尤其是第三方调用接口的时候，为了防止网络波动超时等造成的请求失败，都会添加重试机制，导致一个请求提交多次。
- 消息进行重复消费：当使用MQ消息中间件的时候，如果发生消息中间件出现错误，未及时提交消费信息，就会导致重复消费。

2.6.2　幂等定义

什么是幂等？在数学中，幂等的定义是：某一元运算为幂等的时候，其作用在任一元素两次后，和其作用一次的结果相同。

网络上有很多错误定义，例如：

"接口的幂等性实际上就是接口可重复调用，在调用方多次调用的情况下，接口最终得到的结果是一致的。"

很明显，对于一个接口查询，不同时间点的请求，数据可能是不一样的。例如select * from user，9点查询数据和10点查询数据，返回的用户条数就可能不一样，因此上述幂等的定义是错误的。

正确的幂等定义是：多次调用对系统产生的影响是一样的，即对资源的作用是一样的，但是返回值允许不同。

2.6.3　幂等场景

场景一：SQL查询/新增

```
select * from sys_user where id = 1;
```

查询不会对数据产生任何的变化，因此具备幂等性。

```
insert into sys_user(userid , username) values(1 , 'ay');
```

（1）userid是唯一主键，重复执行该语句，只会插入一条用户数据，具备幂等性。

（2）userid不是唯一主键，重复执行该语句，会新增多条数据，不具备幂等性。

场景二：SQL更新

```
### 直接赋值
update sys_user set age= 20 where userid=1
```

上述SQL语句无论执行多少次，age字段的值都一样，具备幂等性。

```
### 计算赋值
update user set age= age + 20 where userid=1
```

每次执行SQL语句，age字段的值都不一样，不具备幂等性。

场景三：SQL删除

```
### 删除
delete from sys_user where userid = 1
```

上述SQL语句多次执行，结果都一样，具备幂等性。

2.6.4　幂等解决方案

幂等设计一般有两种处理方法：

（1）需要下游系统提供相关的查询接口。上游系统第一次调用出现异常后，需要先调用下游系统提供的查询接口，如果查询到数据，表明上次的调用已经成功，就不需要做了，失败了就走失败流程。

（2）通过幂等性的方式。也就是这个查询操作交给下游系统，上游系统只管重试，由下游系统保证一次和多次的请求结果是一样的。

幂等的解决方案非常多，需要根据具体的业务场景选择具体策略。

方案一：数据库唯一主键实现幂等性

利用数据库中主键唯一约束的特性，保证一张表中只存在一条带该唯一主键的记录。使用数据库唯一主键完成幂等性时需要注意的是，该主键一般来说并不是使用数据库中的自增主键，而是使用分布式ID（可以使用Snowflake算法）充当主键，这样才能保证在分布式环境下 ID的全局唯一性。

参考图2-24所示。

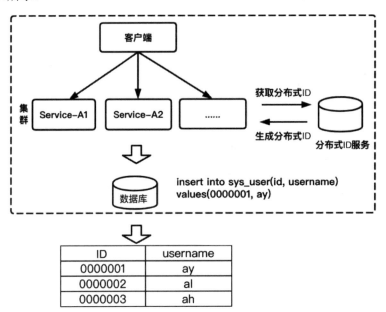

图 2-24　数据库唯一主键实现幂等性

主要流程如下：

（1）客户端发起请求，调用服务端接口。

（2）服务端执行业务逻辑，生成分布式ID，将该ID充当待插入数据的主键，然后执行数据插入操作，运行对应的SQL语句。

（3）服务端将这条数据插入数据库中，如果插入成功，则表示没有重复调用接口；如果抛出主键重复异常，则表示数据库中已经存在这条记录，返回错误信息到客户端。

注意　如果是在分库分表场景下，路由规则要保证相同请求落在同一个数据库和同一个表中，否则数据库主键约束就不起效果了。

方案二：数据库乐观锁实现幂等性

数据库乐观锁方案适用于执行更新操作，可以提前在对应的表中添加一个version字段，充当当前数据的版本标识。这样每次对表中的这条数据执行更新时，都会将该版本标识作为一个条件，值为待更新数据中的版本标识的值。

参考图2-25所示。

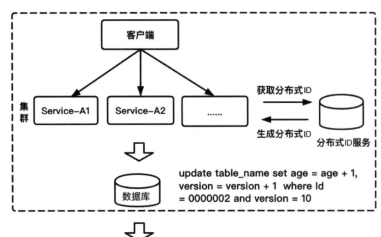

图 2-25　数据库乐观锁实现幂等性

在图2-35中，WHERE后面紧跟条件 id = 0000003 AND version=5，SQL语句被执行后，id=0000001的version被更新为 6，所以如果重复执行该条SQL语句将不会生效，因为id=1 AND version=5的数据已经不存在，这样就能保住更新的幂等，多次更新对结果不会产生影响。

方案三：防重Token令牌实现幂等性

针对客户端连续点击或者调用方的超时重试等情况，例如提交订单，可以用Token机制实现防止重复提交。

简单地说，就是调用方在调用接口的时候，先向后端请求一个全局ID（Token），请求的时候携带这个全局ID一起请求（Token最好将其放到Headers中）。后端需要将这个Token作为Key，用户信息作为Value，到Redis中进行键值内容校验，如果Key存在且Value匹配就执行删除命令，然后正常执行后面的业务逻辑，如果不存在对应的Key或Value不匹配就返回重复执行的错误信息，这样来保证幂等操作。

参考图2-26所示。

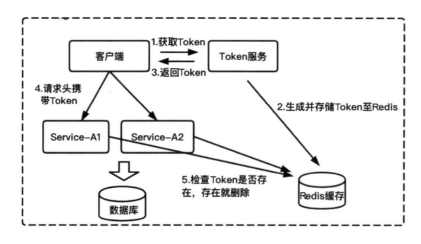

图 2-26　防重 Token 令牌实现幂等性

具体步骤如下：

步骤01 客户端通过 Token 服务获取 Token 令牌（序列号/分布式 ID/UUID 字符串）。

步骤02 Token 服务将 Token 存入 Redis 缓存中，以该 Token 作为 Redis 的键（注意设置过期时间）。

步骤03 将 Token 返回到客户端，客户端拿到后保存到表单隐藏域中。

步骤04 客户端在执行提交表单时，把 Token 存到 Headers 中。

步骤 05 服务端接收到请求后，从请求头 Headers 中拿到 Token，根据 Token 到 Redis 中查找该 key 是否存在。

步骤 06 服务端根据 Redis 中是否存在该 key 进行判断，如果存在就将该 key 删除，然后正常执行业务逻辑。如果不存在就抛出异常，返回重复提交的错误信息。

Token删除的时机有两种不同的处理方法：

（1）检验Token存在（表示第一次请求）后，就立刻删除Token，再进行业务处理。

先删除Token，这时如果业务处理出现异常，接口调用方也没有获取到明确的结果，就进行重试，但Token已经删除掉了，服务端判断Token不存在，认为是重复请求，因此直接返回，无法进行业务处理。

（2）检验Token存在（表示第一次请求）后，先进行业务处理，再删除Token。

后删除Token也是存在问题的，如果进行业务处理成功后，删除Redis中的Token失败，这样有可能导致发生重复请求，因为Token没有被删除。

综上所述，推荐先删除Token，先保证不会因为重复请求导致业务数据出现问题，最多让用户再请求处理一次。另外，这种方案还有一个问题，业务每次请求都会有额外的请求（获取Token请求、判断Token是否存在等）。在生产环境中，1000个请求也许只会存在20个左右的请求会发生重试，为了这20个请求，让980个请求都发生额外的请求，显然有点浪费。

方案四：分布式锁

分布式锁的实现方式可以基于Redis的SETNX命令实现。SETNX命令的语法如下：

```
SETNX key value
```

将key的值设为value，当且仅当key不存在时，命令返回1。若给定的key已经存在，SETNX不做任何动作，命令返回0。key可以取业务某个唯一字段的值，例如订单数据可以取订单ID，用户数据可以取用户ID，等等。

参考图2-27所示。

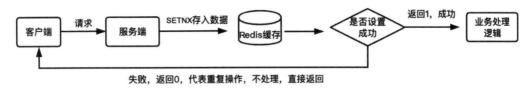

图 2-27 分布式锁方案

方案五：去重表机制

使用去重表方案需要业务中有唯一主键，去重表中只需要一个字段即可，用于设置唯一主键约束，当然也可以根据业务情况自行添加其他字段。

去重表机制的主要流程：把唯一主键插入去重表，再进行业务操作，且它们处于同一个事务中。当重复请求时，因为去重表有唯一约束，导致请求失败，可以避免幂等问题。

> **注意** 去重表和业务表应该在同一个库中，这样就保证了在同一个事务中，即使业务操作失败，也会把去重表的数据回滚。这样可以很好地保证数据的一致性。

该方案也是比较常用的，去重表跟业务无关，很多业务可以共用同一个去重表，只要规划好唯一主键即可。

方案六：状态机

在有状态的数据中可以使用，如果状态机已经处于下一个状态，这时候来了一个上一个状态的变更，理论上是不能够变更的，这样就保证了有限状态机的幂等。

2.7 健康检查

生活中的程序员肯定定期或者不定期地做过体检，到医院根据自己想做的项目（彩超、耳鼻咽喉、心电图等），进行身体检查。通过体检可以及时了解身体存在的问题，全面了解身体发生的细微变化，早发现问题早治疗，避免重大疾病的发生。

应用服务也一样，也需要定期进行健康检查，通过健康检查来判断服务是否可用。如果判断服务健康检查异常，就不会将流量分发到异常的服务器，从而提高业务的可靠性。当异常的服务恢复正常运行后，就会继续承载业务流量。健康检查可以分为HTTP健康检查、TCP健康检查和UDP健康检查。

体检会有周期、检查的项目等，比如一年体检一次，我们称之为体检策略。与之类似，也有健康检查策略。常见的健康检查策略是连续多次服务状态测试成功或者失败，服务的健康状态才会发生切换。健康检查有以下几个因素：

（1）检查周期：每隔多久进行一次健康检查。

（2）超时时间：等待服务器返回健康检查的时间。

（3）最大重试次数：健康检查连续成功的次数。

服务必须连续N次检查失败，才会判断服务健康检查失败。健康检查时间窗口的计算方法如下：

健康检查成功时间窗口=超时时间×最大重试次数 + 检查周期（最大重试次数-1）

如图2-28所示，检查周期为4s，超时时间为2s，健康检查检查到服务从正常到失败的状态，健康检查失败时间窗口=超时时间×3 +检查周期×（3-1）=2×3+4×（3-1）=14s，其中3为最大重试次数。

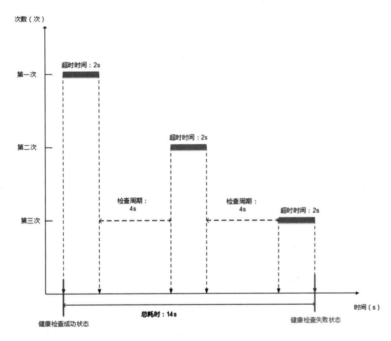

图 2-28 健康检查失败时间窗（参考华为云）

2.7.1 Spring Boot Actuator 健康检查

Spring Boot是目前主流的微服务脚手架，Actuator模块包含许多附加功能，可以监控和管理应用程序。我们可以选择使用HTTP端点或JMX来管理和监控应用程序，掌握Spring Boot Actuator健康检查功能，对于掌握HTTP型健康检查颇有益处，值得我们深入去学习。

开启Spring Boot健康检查功能非常简单，只需在Spring Boot项目中添加以下Starter依赖：

```
<dependencies>
```

```
<dependency>
    <groupId>org.springframework.boot</groupId>
    <artifactId>spring-boot-starter-actuator</artifactId>
</dependency>
</dependencies>
```

我们也可以通过Spring官网地址：https://start.spring.io/添加starter-actuator依赖包，快速创建并下载Spring Boot项目，如图2-29所示。

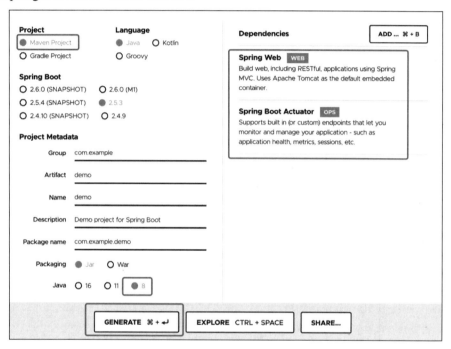

图 2-29   快速创建 Spring Boot 项目

Spring Boot Actuator端点可以让我们监控应用程序并与之交互，健康检查端点/health提供基本的应用程序健康信息。启动刚刚创建的Spring Boot应用，在命令行窗口中执行如下命令：

```
### 执行curl命令
> curl http://localhost:8080/actuator/health
```

返回结果如下：

```
{"status":"UP"}
```

注意   端点就是一个普通的HTTP请求。

Spring Boot是如何设计它的健康检查功能的呢？接下来，以Spring Boot 2.5.3版本为例深入分析，读者可到GitHub下载Spring Boot源码，地址为https://github.com/spring-projects/spring-boot.git，并切换到2.5.x分支。

　　首先，根据Spring Boot自动装配的原理直接查看spring-boot-actuator-autoconfigure依赖包的spring.factories文件，如图2-30所示。

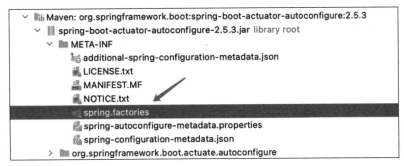

图 2-30　spring-boot-actuator-autoconfigure 包下的 spring.factories 配置文件

　　在spring.factories配置文件中，找到配置org.springframework.boot.actuate.autoconfigure.health.HealthEndpointAutoConfiguration类，具体源码如下：

```
@Configuration(proxyBeanMethods = false)
@ConditionalOnAvailableEndpoint(endpoint = HealthEndpoint.class)
@EnableConfigurationProperties(HealthEndpointProperties.class)
@Import({ HealthEndpointConfiguration.class,
ReactiveHealthEndpointConfiguration.class,
        HealthEndpointWebExtensionConfiguration.class,
HealthEndpointReactiveWebExtensionConfiguration.class })
    public class HealthEndpointAutoConfiguration {

}
```

　　@ConditionalOnAvailableEndpoint 为 Spring Boot 2.2 版 本 新 引 入 的 注 解，表 示 HealthEndpoint的endpoint仅在可用时才会进行自动化配置。这里的可用指的是某一个endpoint必须满足可用状态（enabled）和暴露的（exposed）。

　　@EnableConfigurationProperties主要是使HealthEndpointProperties配置生效，这些配置是我们熟悉的，例如management.endpoint.health.enabled、management.endpoint.health.show-details、management.endpoint.health.group.* 。 @Import 导 入 HealthEndpointConfiguration.class 、ReactiveHealthEndpointConfiguration.class 、 HealthEndpointWebExtensionConfiguration.class 以 及HealthEndpointReactiveWebExtensionConfiguration.class类，而ReactiveHealthEndpointConfiguration.

class和HealthEndpointReactiveWebExtensionConfiguration.class是针对Reactive操作的，不是我们关注的重点。

HealthEndpointAutoConfiguration是/health端点的基础配置，HealthEndpointWebExtension Configuration是针对Web的扩展配置。

HealthEndpointAutoConfiguration类通过@Import方法引入重要的类HealthEndpointConfiguration，具体源码如下：

```
@Configuration(proxyBeanMethods = false)
class HealthEndpointConfiguration {
    //省略代码
@Bean
    @ConditionalOnMissingBean
    StatusAggregator healthStatusAggregator(HealthEndpointProperties
      properties) {
        return new SimpleStatusAggregator(properties.getStatus().getOrder());
    }

    @Bean
    @ConditionalOnMissingBean
    HttpCodeStatusMapper healthHttpCodeStatusMapper
      (HealthEndpointProperties properties) {
        return new SimpleHttpCodeStatusMapper(properties.getStatus().
          getHttpMapping());
    }

@Bean
    @ConditionalOnMissingBean
    HealthContributorRegistry healthContributorRegistry(ApplicationContext
      applicationContext,HealthEndpointGroups groups) {
        //注意，非常重要的代码
Map<String, HealthContributor> healthContributors = new LinkedHashMap<>
  (applicationContext.getBeansOfType(HealthContributor.class));
        if (ClassUtils.isPresent("reactor.core.publisher.Flux",
          applicationContext.getClassLoader())) {
            healthContributors.putAll(new AdaptedReactiveHealthContributors
            (applicationContext).get());
        }
        return new AutoConfiguredHealthContributorRegistry
          (healthContributors, groups.getNames());
    }
```

```
@Bean
   @ConditionalOnMissingBean
   HealthEndpoint healthEndpoint(HealthContributorRegistry registry,
    HealthEndpointGroups groups) {
       return new HealthEndpoint(registry, groups);
   }
       //省略代码
}
```

HealthEndpointConfiguration类内部实例化StatusAggregator、HttpCodeStatusMapper等类，StatusAggregator类主要提供根据传入的系统状态集合（Status集合）获取具体状态的功能，在Status 中 定 义 了 UNKNOWN、 UP、 DOWN、 OUT_OF_SERVICE 四 种 状 态 。 而HttpCodeStatusMapper接口提供根据Status获得的Http状态码，用于监控状态到Http状态码的映射功能。

healthContributorRegistry方法非常重要，该方法返回AutoConfiguredHealthContributorRegistry类，同时在方法中会按照类型搜索所有HealthContributor.class类型的Bean对象。

```
Map<String, HealthContributor> healthContributors = new
LinkedHashMap<>(applicationContext.getBeansOfType(HealthContributor.class));
```

HealthContributor接口的子类是HealthIndicator接口，是常见的HealthIndicator实现，比如JDBC数据源（DataSourceHealthIndicator）、磁盘健康指示器（DiskSpaceHealthIndicator）、Redis健康（RedisHealthIndicator）等。所以applicationContext.getBeansOfType相当于在Spring IOC容器中查找所有实现HealthIndicator的子类。

在HealthEndpointConfiguration类中会实例化HealthEndpoint类，HealthEndpoint具体源码如下：

```
@Endpoint(id = "health")
public class HealthEndpoint extends HealthEndpointSupport<HealthContributor,
  ealthComponent> {

   private static final String[] EMPTY_PATH = {};

   public HealthEndpoint(HealthContributorRegistry registry,
     HealthEndpointGroups groups) {
       super(registry, groups);
   }

   @ReadOperation
   public HealthComponent health() {
```

```
        HealthComponent health = health(ApiVersion.V3, EMPTY_PATH);
        return (health != null) ? health : DEFAULT_HEALTH;
    }
    //省略代码
}
```

在 HealthEndpoint 类上添加 @Endpoint(id = "health") 注解，我们可以简单地理解为 HealthEndpoint类就是一个Spring MVC的Controller类，该类可以处理如下请求：

```
http://localhost:8080/actuator/health
```

下面看HealthEndpointWebExtensionConfiguration.class，该配置类源码如下：

```
@Configuration(proxyBeanMethods = false)
@ConditionalOnWebApplication(type = Type.SERVLET)
@ConditionalOnBean(HealthEndpoint.class)
class HealthEndpointWebExtensionConfiguration {

    @Bean
    @ConditionalOnBean(HealthEndpoint.class)
    @ConditionalOnMissingBean
    HealthEndpointWebExtension healthEndpointWebExtension
     (HealthContributorRegistry healthContributorRegistry,
          HealthEndpointGroups groups) {
        return new HealthEndpointWebExtension(healthContributorRegistry,
            groups);
    }

}
```

@ConditionalOnWebApplication表明只有应用类型为Servlet时，该类才会被配置。

@ConditionalOnBean表明当存在HealthEndpoint的Bean时才会生效。

HealthEndpointWebExtensionConfiguration 类内部初始化 HealthEndpointWebExtension 对象，创建该Bean的条件为容器中存在HealthEndpoint的对象，且HealthEndpointWebExtension对象并不存在。HealthEndpointWebExtension继承自HealthEndpointSupport，主要用来提供health端点和health端点扩展的基础类。

Health 的健康信息是如何获得的呢？这就涉及 HealthIndicator 接口的功能了。HealthIndicator接口源码如下：

```
@FunctionalInterface
public interface HealthIndicator extends HealthContributor {
```

```
default Health getHealth(boolean includeDetails) {
    Health health = health();
    return includeDetails ? health : health.withoutDetails();
}

Health health();
}
```

HealthIndicator继承接口HealthContributor，HealthContributor类没有具体的方法定义，这是Spring Boot 2.2.0 版本中新增的一个标记接口。在HealthIndicator接口中定义了一个具有默认实现的getHealth方法和抽象的health方法，其中getHealth方法也是 Spring Boot 2.2.0版本新增的。

health方法返回Health对象，存储着应用程序的健康信息。getHealth方法会根据includeDetails 参数判断是直接返回health方法的结果，还是返回经过处理不携带详情的Health对象。

常见的HealthIndicator实现有JDBC数据源（DataSourceHealthIndicator）、磁盘健康指示器（DiskSpaceHealthIndicator）、Redis健康（RedisHealthIndicator）等。

我们以JDBC数据源的DataSourceHealthIndicator为例，首先DataSourceHealthIndicator继承AbstractHealthIndicator，AbstractHealthIndicator又实现了HealthIndicator接口，也就是说DataSourceHealthIndicator是HealthIndicator类型的。

DataSourceHealthIndicator的实例化是通过DataSourceHealthContributorAutoConfiguration来完成的，而DataSourceHealthContributorAutoConfiguration配置在spring-boot-actuator-autoconfigure依赖包的spring.factories文件中。DataSourceHealthContributorAutoConfiguration源码如下：

```
@Configuration(proxyBeanMethods = false)
@ConditionalOnClass({ JdbcTemplate.class, AbstractRoutingDataSource.class })
@ConditionalOnBean(DataSource.class)
@ConditionalOnEnabledHealthIndicator("db")
@AutoConfigureAfter(DataSourceAutoConfiguration.class)
@EnableConfigurationProperties(DataSourceHealthIndicatorProperties.class)
public class DataSourceHealthContributorAutoConfiguration implements
  InitializingBean {

    private final Collection<DataSourcePoolMetadataProvider> metadataProviders;

    private DataSourcePoolMetadataProvider poolMetadataProvider;
```

```
public DataSourceHealthContributorAutoConfiguration(
        ObjectProvider<DataSourcePoolMetadataProvider> metadataProviders){
    this.metadataProviders = metadataProviders.orderedStream().collect
    (Collectors.toList());
}

@Bean
@ConditionalOnMissingBean(name = { "dbHealthIndicator",
 "dbHealthContributor" })
public HealthContributor dbHealthContributor(Map<String, DataSource>
 dataSources,
        DataSourceHealthIndicatorProperties
         dataSourceHealthIndicatorProperties) {
    if (dataSourceHealthIndicatorProperties.
     isIgnoreRoutingDataSources()) {
        Map<String, DataSource> filteredDatasources = dataSources.
        entrySet().stream()
                .filter((e) -> !(e.getValue() instanceof
                 AbstractRoutingDataSource))
                .collect(Collectors.toMap(Map.Entry::getKey,
                 Map.Entry::getValue));
        return createContributor(filteredDatasources);
    }
    return createContributor(dataSources);
}

private HealthContributor createContributor(DataSource source) {
    if (source instanceof AbstractRoutingDataSource) {
        AbstractRoutingDataSource routingDataSource =
         (AbstractRoutingDataSource) source;
        return new RoutingDataSourceHealthContributor(routingDataSource,
         this::createContributor);
    }
    return new DataSourceHealthIndicator(source, getValidationQuery
     (source));
}
}
```

　　从DataSourceHealthContributorAutoConfiguration 类中可以看到，通过createIndicator方法实现了 DataSourceHealthIndicator 的实例化操作。该方法并没有直接被调用，而是通过dbHealthContributor 方法调用父类的方法实现间接调用的。

　　DataSourceHealthIndicator的构造方法有两个参数：数据源对象和query语句。在该类中实现数据源健康检查的基本原理是：通过数据源连接数据库，并执行相应的查询语句来验证连接是否正常。DataSourceHealthIndicator源码如下：

```
public class DataSourceHealthIndicator extends AbstractHealthIndicator
  implements InitializingBean {

    private DataSource dataSource;
    private String query;
    private JdbcTemplate jdbcTemplate;

    public DataSourceHealthIndicator(DataSource dataSource, String query) {
        super("DataSource health check failed");
        this.dataSource = dataSource;
        this.query = query;
        this.jdbcTemplate = (dataSource != null) ? new JdbcTemplate
         dataSource) : null;
    }


    @Override
    public void afterPropertiesSet() throws Exception {
        Assert.state(this.dataSource != null, "DataSource for
         DataSourceHealthIndicator must be specified");
    }


    @Override
    protected void doHealthCheck(Health.Builder builder) throws Exception {
        if (this.dataSource == null) {
            builder.up().withDetail("database", "unknown");
        }
        else {
            doDataSourceHealthCheck(builder);
        }
    }

    private void doDataSourceHealthCheck(Health.Builder builder) throws
      Exception {
        builder.up().withDetail("database", getProduct());
        String validationQuery = this.query;
        if (StringUtils.hasText(validationQuery)) {
            builder.withDetail("validationQuery", validationQuery);
            //Avoid calling getObject as it breaks MySQL on Java 7 and later
            List<Object> results = this.jdbcTemplate.query(validationQuery,
              new SingleColumnRowMapper());
            Object result = DataAccessUtils.requiredSingleResult(results);
```

```
                builder.withDetail("result", result);
            }
            else {
                builder.withDetail("validationQuery", "isValid()");
                boolean valid = isConnectionValid();
                builder.status((valid) ? Status.UP : Status.DOWN);
            }
        }
    }
```

doHealthCheck为检测的入口方法，当数据源存在时调用 doDataSourceHealthCheck方法，doDataSourceHealthCheck方法中会执行一个查询语句，并将结果存入Health.Builder中。

2.7.2　Nacos 健康检查

Nacos是阿里巴巴提供的开源框架，用于快速实现动态的服务发现、服务配置等功能，当然也有商业版本。

Nacos提供对服务的实时健康检查，阻止向不健康的主机或服务实例发送请求。Nacos 支持传输层（PING或TCP）和应用层（如HTTP、MySQL、用户自定义）的健康检查。对于复杂的云环境和网络拓扑环境（如VPC、边缘网络等）中服务的健康检查，Nacos提供了agent上报模式和服务端主动检测两种健康检查模式。

所以，深入了解Nacos如何实现健康检查对我们大有益处。

Nacos中的临时实例基于心跳上报方式维持活性，基本的健康检查流程为：Nacos客户端会维护一个定时任务，每隔5s发送一次心跳请求，以确保自己处于活跃状态。Nacos服务端在15s内如果没收到客户端的心跳请求，会将该实例设置为不健康，在30s内没收到心跳请求，会将这个临时实例摘除。

注意　临时实例和持久化实例的区别主要在于健康检查失败后的表现。持久化实例健康
　　　　检查失败后会被标记成不健康，而临时实例会直接从列表中删除。

接下来，我们深入分析Nacos源码，读者可到GitHub下载Nacos源码：https://github.com/alibaba/nacos，并切换到2.0.0分支。

首先，查看客户端代码，在客户端项目中，如果想要把服务注册到Nacos中，需要添加如下依赖配置（见图2-31）：

```
    <dependency>
```

```
<groupId>com.alibaba.cloud</groupId>
    <artifactId>spring-cloud-starter-alibaba-nacos-discovery</artifactId>
</dependency>
```

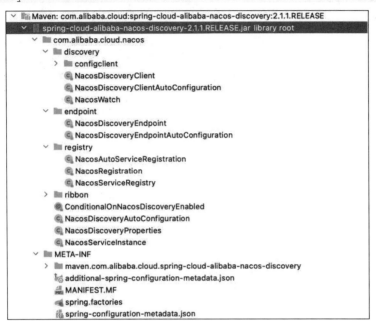

图 2-31　spring-cloud-starter-alibaba-nacos-discovery 依赖

很明显，spring-cloud-starter-alibaba-nacos-discovery也是一个标准的Starter写法，所以先看spring.factories配置文件，文件内容如下：

```
org.springframework.boot.autoconfigure.EnableAutoConfiguration=\
  com.alibaba.cloud.nacos.NacosDiscoveryAutoConfiguration,\
  com.alibaba.cloud.nacos.ribbon.RibbonNacosAutoConfiguration,\
com.alibaba.cloud.nacos.endpoint.NacosDiscoveryEndpointAutoConfiguration,\
  com.alibaba.cloud.nacos.discovery.NacosDiscoveryClientAutoConfiguration,\
com.alibaba.cloud.nacos.discovery.configclient.NacosConfigServerAutoConfi
  guration
org.springframework.cloud.bootstrap.BootstrapConfiguration=\
com.alibaba.cloud.nacos.discovery.configclient.NacosDiscoveryClientConfig
  ServiceBootstrapConfiguration
```

第一个配置类NacosDiscoveryAutoConfiguration的具体源码如下：

```
@Configuration
@EnableConfigurationProperties
@ConditionalOnNacosDiscoveryEnabled
@ConditionalOnProperty(value = "spring.cloud.service-registry.auto-
```

```
        registration.enabled", matchIfMissing = true)
    @AutoConfigureAfter({ AutoServiceRegistrationConfiguration.class,
            AutoServiceRegistrationAutoConfiguration.class })
    public class NacosDiscoveryAutoConfiguration {
        //1
        @Bean
        public NacosServiceRegistry nacosServiceRegistry(
                NacosDiscoveryProperties nacosDiscoveryProperties) {
            return new NacosServiceRegistry(nacosDiscoveryProperties);
        }

        //2
        @Bean
        @ConditionalOnBean(AutoServiceRegistrationProperties.class)
        public NacosAutoServiceRegistration nacosAutoServiceRegistration(
                NacosServiceRegistry registry,
                AutoServiceRegistrationProperties
                  autoServiceRegistrationProperties,
                NacosRegistration registration) {
            return new NacosAutoServiceRegistration(registry,
                    autoServiceRegistrationProperties, registration);
        }

        //省略代码

    }
```

NacosDiscoveryAutoConfiguration自动配置类的作用是实例化NacosServiceRegistry类并传入NacosDiscoveryProperties参数，NacosDiscoveryProperties类封装spring.cloud.nacos.discovery.xxx配置，例如：

```
spring.cloud.nacos.discovery.server-addr=127.0.0.1:8848
spring.cloud.nacos.discovery.namespace=xxxxx
```

而且该自动配置类在spring.cloud.service-registry.auto-registration.enabled没有配置时也可以生效，因为matchIfMissing=true。

NacosAutoServiceRegistration类继承AbstractAutoServiceRegistration类，AbstractAutoService Registration类实现ApplicationListener接口，并实现onApplicationEvent方法，具体代码如下：

```
public void onApplicationEvent(WebServerInitializedEvent event) {
    bind(event);
}
```

　　读者可以继续深入分析bind方法，发现当项目启动时会触发onApplicationEvent，最终调用NacosServiceRegistry 类 的 register() 方法。所 以 我 们 重 点 看 NacosServiceRegistry 类，NacosServiceRegistry类具体源码如下：

```java
public class NacosServiceRegistry implements ServiceRegistry<Registration> {
    private final NacosDiscoveryProperties nacosDiscoveryProperties;
    private final NamingService namingService;

    @Override
    public void register(Registration registration) {
        if (StringUtils.isEmpty(registration.getServiceId())) {
            log.warn("No service to register for nacos client...");
            return;
        }
        String serviceId = registration.getServiceId();
        String group = nacosDiscoveryProperties.getGroup();
        //1
        Instance instance = getNacosInstanceFromRegistration(registration);
        try {
            //2
            namingService.registerInstance(serviceId, group, instance);
        }
        catch (Exception e) {

        }
    }

        //省略代码
}
```

　　NacosServiceRegistry类实现ServiceRegistry接口，该接口是Spring Cloud提供的一个标准接口。第一处通过getNacosInstanceFromRegistration方法构建Instance实例。该方法内会设置Instance的元数据（metadata），通过元数据可以配置服务器端健康检查的参数。比如，在Spring Cloud中配置如下参数，可以通过元数据项在服务注册时传递给Nacos的服务端。

```yaml
spring:
  application:
    name: user-service-provider
  cloud:
    nacos:
      discovery:
        server-addr: 127.0.0.1:8848
        heart-beat-interval: 5000
```

```
        heart-beat-timeout: 15000
        ip-delete-timeout: 30000
```

其中heart-beat-interval、heart-beat-timeout、ip-delete-timeout这些健康检查的参数都是基于元数据上报上去的。

第二处代码registerInstance主要进行实例的注册。NamingService是由Nacos的客户端提供的，也就是说Nacos客户端的心跳本身是由Nacos生态提供的。registerInstance方法会调用NacosNamingService类的registerInstance方法，具体代码如下：

```
@Override
public void registerInstance(String serviceName, String groupName, Instance
    instance) throws NacosException {
String groupedServiceName = NamingUtils.getGroupedName(serviceName,
    groupName);
    if (instance.isEphemeral()) {
//1
BeatInfo beatInfo = beatReactor.buildBeatInfo(groupedServiceName,
    instance);
    //2
    beatReactor.addBeatInfo(groupedServiceName, beatInfo);
    }
    serverProxy.registerService(groupedServiceName, groupName, instance);
}
//3
public BeatInfo buildBeatInfo(String groupedServiceName, Instance instance) {
    BeatInfo beatInfo = new BeatInfo();
    beatInfo.setServiceName(groupedServiceName);
    beatInfo.setIp(instance.getIp());
    beatInfo.setPort(instance.getPort());
    beatInfo.setCluster(instance.getClusterName());
    beatInfo.setWeight(instance.getWeight());
    beatInfo.setMetadata(instance.getMetadata());
    beatInfo.setScheduled(false);
    beatInfo.setPeriod(instance.getInstanceHeartBeatInterval());
    return beatInfo;
}
```

BeatInfo用于封装心跳所需要的信息，比如beatInfo.setPeriod：

```
public long getInstanceHeartBeatInterval() {
    return getMetaDataByKeyWithDefault(PreservedMetadataKeys.HEART_
        BEAT_INTERVAL,
            Constants.DEFAULT_HEART_BEAT_INTERVAL);
```

```
//DEFAULT_HEART_BEAT_INTERVAL = TimeUnit.SECONDS.toMillis(5);
}
```

然后调用BeatReactor.addBeatInfo方法进行心跳处理，但是前置条件是实例需要是临时（瞬时）实例。BeatReactor.addBeatInfo源码如下：

```
public void addBeatInfo(String serviceName, BeatInfo beatInfo) {
    NAMING_LOGGER.info("[BEAT] adding beat: {} to beat map.", beatInfo);
    String key = buildKey(serviceName, beatInfo.getIp(), beatInfo.
      getPort());
    BeatInfo existBeat = null;
    //fix #1733
    if ((existBeat = dom2Beat.remove(key)) != null) {
        existBeat.setStopped(true);
    }
    dom2Beat.put(key, beatInfo);
    //1 beatInfo.getPeriod = 5s, 即心跳间隔是5s
executorService.schedule(new BeatTask(beatInfo), beatInfo.getPeriod(),
  TimeUnit.MILLISECONDS);
    MetricsMonitor.getDom2BeatSizeMonitor().set(dom2Beat.size());
}
```

从executorService.schedule代码可知，客户端是通过定时任务来处理心跳的，具体的心跳请求由BeatTask完成。BeatTask代码如下：

```
class BeatTask implements Runnable {

    BeatInfo beatInfo;

    public BeatTask(BeatInfo beatInfo) {
        this.beatInfo = beatInfo;
    }

    @Override
    public void run() {
        if (beatInfo.isStopped()) {
            return;
        }
        long nextTime = beatInfo.getPeriod();
        try {
            //1.
            JsonNode result = serverProxy.sendBeat(beatInfo,BeatReactor.
              this.lightBeatEnabled);
            long interval = result.get("clientBeatInterval").asInt();
            boolean lightBeatEnabled = false;
```

```
    //省略大量代码
} catch (NacosException ex) {


}
executorService.schedule(new BeatTask(beatInfo), nextTime,
  TimeUnit.MILLISECONDS);
}
}
```

BeatTask.run方法通过serverProxy.sendBeat进行心跳请求发送，run方法最后再次调用executorService.schedule方法开启定时任务，这样就实现了周期性的心跳请求。serverProxy.sendBeat代码如下：

```
public JsonNode sendBeat(BeatInfo beatInfo, boolean lightBeatEnabled) throws
  NacosException {

    if (NAMING_LOGGER.isDebugEnabled()) {
        NAMING_LOGGER.debug("[BEAT] {} sending beat to server: {}",
          namespaceId, beatInfo.toString());
    }
    Map<String, String> params = new HashMap<String, String>(8);
    Map<String, String> bodyMap = new HashMap<String, String>(2);
    if (!lightBeatEnabled) {
        bodyMap.put("beat", JacksonUtils.toJson(beatInfo));
    }
    params.put(CommonParams.NAMESPACE_ID, namespaceId);
    params.put(CommonParams.SERVICE_NAME, beatInfo.getServiceName());
    params.put(CommonParams.CLUSTER_NAME, beatInfo.getCluster());
    params.put("ip", beatInfo.getIp());
    params.put("port", String.valueOf(beatInfo.getPort()));
    //1.
String result = reqApi(UtilAndComs.nacosUrlBase + "/instance/beat", params,
bodyMap, HttpMethod.PUT);
    return JacksonUtils.toObj(result);
}
```

事实上客户端是调用HTTP心跳请求：/nacos/v1/ns/instance/beat。以上就是客户端心跳的完整过程。一句话总结：Nacos客户端会维护一个定时任务，每隔5s发送一次心跳请求（/nacos/v1/ns/instance/beat），以确保自己处于活跃状态。

接下来看服务端如何处理心跳，也就是/nacos/v1/ns/instance/beat请求。打开GitHub下载的Nacos源码，找到InstanceController类：

```
@CanDistro
@PutMapping("/beat")
@Secured(parser = NamingResourceParser.class, action = ActionTypes.WRITE)
public ObjectNode beat(HttpServletRequest request) throws Exception {
        ObjectNode result = JacksonUtils.createEmptyJsonNode();
        //1.
        int resultCode = getInstanceOperator().handleBeat(namespaceId,
          serviceName, ip, port, clusterName, clientBeat);
        return result;
}
```

从上述代码可知，主要调用handleBeat方法进行心跳处理，具体代码如下：

```
@Override
public int handleBeat(String namespaceId, String serviceName, String ip, int
  port, String cluster,.
        RsInfo clientBeat) throws NacosException {
    Service service = getService(namespaceId, serviceName, true);
    String clientId = IpPortBasedClient.getClientId(ip + IPUtil.IP_PORT_
      SPLITER + port, true);
    IpPortBasedClient client = (IpPortBasedClient) clientManager.
      getClient(clientId);
    if (null == client || !client.getAllPublishedService().contains(service)) {
        if (null == clientBeat) {
            return NamingResponseCode.RESOURCE_NOT_FOUND;
        }
        Instance instance = new Instance();
        instance.setPort(clientBeat.getPort());
        instance.setIp(clientBeat.getIp());
        instance.setWeight(clientBeat.getWeight());
        instance.setMetadata(clientBeat.getMetadata());
        instance.setClusterName(clientBeat.getCluster());
        instance.setServiceName(serviceName);
        instance.setInstanceId(instance.getInstanceId());
        instance.setEphemeral(clientBeat.isEphemeral());
        registerInstance(namespaceId, serviceName, instance);
        client = (IpPortBasedClient) clientManager.getClient(clientId);
    }
    if (!ServiceManager.getInstance().containSingleton(service)) {
        throw new NacosException(NacosException.SERVER_ERROR,
                "service not found: " + serviceName + "@" + namespaceId);
    }
    if (null == clientBeat) {
        clientBeat = new RsInfo();
        clientBeat.setIp(ip);
```

```
        clientBeat.setPort(port);
        clientBeat.setCluster(cluster);
        clientBeat.setServiceName(serviceName);
    }
    ClientBeatProcessorV2 beatProcessor = new ClientBeatProcessorV2
      (namespaceId, clientBeat, client);
    HealthCheckReactor.scheduleNow(beatProcessor);
    client.setLastUpdatedTime();
    return NamingResponseCode.OK;
}
```

handleBeat首先检查发送心跳的实例是否存在，如果不存在则为其注册，然后调用
HealthCheckReactor.scheduleNow方法进行定时调度，ClientBeatProcessorV2是调度任务，具体
代码如下：

```
public class ClientBeatProcessorV2 implements BeatProcessor {
    @Override
    public void run() {
        if (Loggers.EVT_LOG.isDebugEnabled()) {
            Loggers.EVT_LOG.debug("[CLIENT-BEAT] processing beat: {}",
              rsInfo.toString());
        }
        String ip = rsInfo.getIp();
        int port = rsInfo.getPort();
        String serviceName = NamingUtils.getServiceName(rsInfo.
          getServiceName());
        String groupName = NamingUtils.getGroupName
          (rsInfo.getServiceName());
        Service service = Service.newService(namespace, groupName,
          serviceName, rsInfo.isEphemeral());
        HealthCheckInstancePublishInfo instance = (HealthCheckInstancePublishInfo)
         client.getInstancePublishInfo(service);
        if (instance.getIp().equals(ip) && instance.getPort() == port) {
            if (Loggers.EVT_LOG.isDebugEnabled()) {
                Loggers.EVT_LOG.debug("[CLIENT-BEAT] refresh beat: {}",
                  rsInfo.toString());
            }
            instance.setLastHeartBeatTime(System.currentTimeMillis());
            if (!instance.isHealthy()) {
                instance.setHealthy(true);

                NotifyCenter.publishEvent(new ServiceEvent.
                  ServiceChangedEvent(service));
                NotifyCenter.publishEvent(new ClientEvent.ClientChangedEvent
                  (client));
            }
        }
    }
}
```

}

在run方法中先检查发送心跳的实例和IP是否一致，如果一致则更新最后一次心跳的时间。同时，如果该实例之前未被标记且处于不健康状态，则将其改为健康状态，并将变动通过PushService提供事件机制进行发布。事件是由Spring的ApplicationContext进行发布的，事件为ServiceChangeEvent。

通过上述心跳操作，Nacos服务端的实例的健康状态和最后心跳时间已经被刷新。那么，如果没有收到心跳，服务器端又该如何判断呢？

服务器端心跳是在服务实例注册时触发的，同样在InstanceController中，注册实现如下：

```
@CanDistro
@PostMapping
@Secured(parser = NamingResourceParser.class, action = ActionTypes.WRITE)
public String register(HttpServletRequest request) throws Exception {
    final String namespaceId = WebUtils
            .optional(request, CommonParams.NAMESPACE_ID, Constants.
            DEFAULT_NAMESPACE_ID);
    final String serviceName = WebUtils.required(request, CommonParams.
      SERVICE_NAME);
    NamingUtils.checkServiceNameFormat(serviceName);
    final Instance instance = parseInstance(request);
    //1.
getInstanceOperator().registerInstance(namespaceId, serviceName, instance);
    return "ok";
}
```

register方法主要调用InstanceOperatorServiceImpl.registerInstance→ServiceManager.registerInstance→createEmptyService→createServiceIfAbsent方法，createServiceIfAbsent具体代码如下：

```
public void createServiceIfAbsent(String namespaceId, String serviceName,
    boolean local, Cluster cluster)
        throws NacosException {
    Service service = getService(namespaceId, serviceName);
    if (service == null) {

        Loggers.SRV_LOG.info("creating empty service {}:{}", namespaceId,
          serviceName);
        service = new Service();
        service.setName(serviceName);
        service.setNamespaceId(namespaceId);
        service.setGroupName(NamingUtils.getGroupName(serviceName));
        //now validate the service. if failed, exception will be thrown
        service.setLastModifiedMillis(System.currentTimeMillis());
```

```
        service.recalculateChecksum();
        if (cluster != null) {
            cluster.setService(service);
            service.getClusterMap().put(cluster.getName(), cluster);
        }
        service.validate();
        //1.
        putServiceAndInit(service);
        if (!local) {
            addOrReplaceService(service);
        }
    }
}

private void putServiceAndInit(Service service) throws NacosException {
    putService(service);
    service = getService(service.getNamespaceId(), service.getName());
    //2.service初始化
service.init();
    consistencyService
        .listen(KeyBuilder.buildInstanceListKey(service.getNamespac
            eId(), service.getName(), true), service);
    consistencyService
        .listen(KeyBuilder.buildInstanceListKey(service.getNamespac
            eId(), service.getName(), false), service);
    Loggers.SRV_LOG.info("[NEW-SERVICE] {}", service.toJson());
}
```

上述代码中，首先获取Service并判断是否存在，如果不存在则创建Service并在putServiceAndInit方法中对Service进行初始化。service.init()方法如下：

```
public void init() {
    HealthCheckReactor.scheduleCheck(clientBeatCheckTask);
    for (Map.Entry<String, Cluster> entry : clusterMap.entrySet()) {
        entry.getValue().setService(this);
        entry.getValue().init();
    }
}
```

HealthCheckReactor.scheduleCheck代码如下：

```
public static void scheduleCheck(ClientBeatCheckTask task) {
    futureMap.computeIfAbsent(task.taskKey(),
        k -> GlobalExecutor.scheduleNamingHealth(task, 5000, 5000,
          TimeUnit.MILLISECONDS));
```

定时调度会延迟5s执行，每5s检查一次。最后看调度任务ClientBeatCheckTask，具体代码如下：

```java
public class ClientBeatCheckTask implements BeatCheckTask {
    @Override
    public void run() {
        try {
            //If upgrade to 2.0.X stop health check with v1
            if (ApplicationUtils.getBean(UpgradeJudgement.class)
                .isUseGrpcFeatures()) {
                return;
            }
            if (!getDistroMapper().responsible(service.getName())) {
                return;
            }
            if (!getSwitchDomain().isHealthCheckEnabled()) {
                return;
            }
            List<Instance> instances = service.allIPs(true);

            //first set health status of instances
            for (Instance instance : instances) {
                if (System.currentTimeMillis() - instance.getLastBeat() >
                    instance.getInstanceHeartBeatTimeOut()) {
                    if (!instance.isMarked()) {
                        if (instance.isHealthy()) {
                            instance.setHealthy(false);

                            getPushService().serviceChanged(service);
                        }
                    }
                }
            }
            if (!getGlobalConfig().isExpireInstance()) {
                return;
            }
            //then remove obsolete instances
            for (Instance instance : instances) {
                if (instance.isMarked()) {
                    continue;
                }

                if (System.currentTimeMillis() - instance.getLastBeat() >
                    instance.getIpDeleteTimeout()) {
                    //delete instance
                    Loggers.SRV_LOG.info("[AUTO-DELETE-IP] service: {}, ip:
                        {}", service.getName(),
                            JacksonUtils.toJson(instance));
```

```
                        deleteIp(instance);
                    }
                }
        } catch (Exception e) {
            Loggers.SRV_LOG.warn("Exception while processing client beat time
                out.", e);
        }
    }
}
```

上述代码的第一个for循环中，先判断当前时间与上次心跳时间的间隔是否大于超时时间，如果实例已经超时，且为被标记，且健康状态为健康，则将健康状态设置为不健康，同时发布状态变化的事件。

在第二个for循环中，如果实例已经被标记，则跳出循环；如果未标记，同时当前时间与上次心跳时间的间隔大于删除IP时间，则将对应的实例删除。

Nacos健康检查全流程到此结束。

2.8 流量削峰

2.8.1 为何要削峰

在互联网的业务场景中，以下情况都涉及流量削峰问题：

（1）春节火车票抢购，大量用户同一时间抢购。

（2）阿里双11秒杀，短时间上亿用户涌入，瞬间流量巨大。比如，500万人在凌晨12:00抢购一件商品，但是商品的数量是有限的，仅100~500件，真实能购买到这件商品的用户只有几百人。

秒杀请求在时间上高度集中于某一特定的时间点。这样一来，就会导致一个特别高的流量峰值，它对资源的消耗是瞬时的。因此，可以设计一些规则，让并发的请求更多地延缓，甚至可以过滤掉一些无效请求。服务器处理的资源是有限的，出现峰值的时候，很容易导致服务器宕机，用户无法访问的情况出现。

削峰填谷概念一开始出现在电力行业，是调整用电负荷的一种措施，在互联网分布式高可用架构的演进过程中，经常会采用类似的削峰填谷手段来构建稳定的系统。

削峰从本质上来说就是更多地延缓用户请求的发出，以便减少和过滤掉一些无效请求，它遵从"请求数要尽量少"的原则。削峰的方法有很多，可以通过业务手段来削峰，比如秒杀流程中设置验证码、问答题环节；也可以通过技术手段削峰，比如采用消息队列异步化用户请求，或者采用限流漏斗对流量进行层层过滤。

削峰又分为无损和有损削峰。本质上，限流是一种有损削峰；而引入验证码、问答题以及异步化消息队列可以归为无损削峰。

2.8.2　答题/验证码

使用"12306"APP买过火车票的读者一定知道，用户抢购火车票时，需要进行答题抢票，如图2-32所示。

图 2-32　"12306"答题抢票

答题抢票的主要目的除了防止黄牛和抢票软件，区分人工和机器外，深层次的原因是增加用户购买的难度，延缓请求。抢票难度增大后，用户下单的时间会增加，从之前的1~2s延长到2s之后，这个时间的延缓对于后端服务处理并发非常重要，会大大减少压力。

答题除了图2-32的方式外，还有其他的方式，例如：

（1）计算一个简单的数学题。

（2）输入验证码。

（3）输入一串中文。

（4）回答一个调皮的问题。

2.8.3　分时分段

细心的用户可能会注意到，"12306"放票不是一次性放完的，而是分成几个时间段来放的。例如，在原来8:00~18:00（除14:00外）每整点放票的基础上，增加9:30、10:30、12:30、

13:30、14:00、14:30 六个放票时间点，每隔半小时放出一批，将流量摊匀。

2.8.4   禁用"秒杀"按钮

用户在单击"秒杀"按钮后，如果后端服务压力大，系统响应时间长，用户基本都会再次单击，一直单击"秒杀"按钮。每单击一次"秒杀"按钮，都会向后端服务请求一次。这样请求越来越多，系统压力越来越大，最后会造成任何用户都没法秒杀成功。

一种很简单的解决方法是，用户单击"秒杀"按钮后，按钮置灰，禁止用户继续提交秒杀请求。同时限制用户在x秒内只能提交一次请求（根据具体的业务，设置合理的x时间，比如5s、10s等），如图2-33所示。

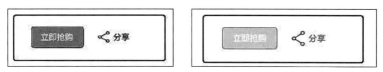

图 2-33   禁用"秒杀"按钮

2.8.5   分层过滤

对请求进行分层过滤，从而过滤掉一些无效的请求。分层过滤其实就是采用"漏斗"式设计来处理请求，如图2-34所示。

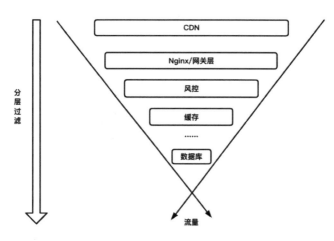

图 2-34   分层过滤

和漏斗一样，在不同的层次尽可能地过滤掉无效请求。通过CDN技术过滤掉大量的图片请求和静态资源请求，通过类似Redis这样的分布式缓存拦截上游的读请求，最终，让"漏斗"

最末端（数据库）的请求尽可能小。

2.8.6　消息队列

消息队列的主要作用是削峰填谷、异步处理、服务解耦，本节只描述消息队列的消峰填谷作用。

所谓的"削峰填谷"，是指缓冲上下游瞬时突发流量，使其更平滑，按照自己的承受能力消费处理数据，如图2-35所示。

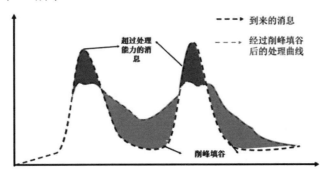

图 2-35　削峰填谷

要对流量进行削峰，最常用的解决方案是用消息队列来缓冲瞬时流量，把同步的直接调用转换成异步的间接推送，中间通过一个队列在一端承接瞬时的流量洪峰，在另一端平滑地将消息推送出去。在这里，消息队列就像"水库"一样，拦蓄上游的洪水，削减进入下游河道的洪峰流量，从而达到减免洪水灾害的目的。常见的开源消息队列有Kafka、RocketMQ和RabbitMQ等，根据业务特点选择适合自己的消息中间件即可。用消息队列来缓冲瞬时流量的方案如图2-36所示。

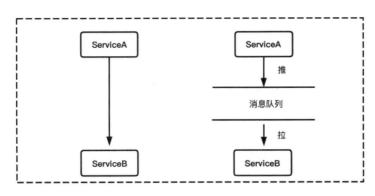

图 2-36　消息队列

将秒杀请求暂存在消息队列中,然后业务服务器会响应用户"秒杀结果正在计算中",释放了系统资源之后再处理其他用户的请求。我们会在后台启动若干个队列处理程序(队列处理机)消费消息队列中的消息,再执行校验库存、下单等逻辑。因为只有有限个队列处理线程在执行,所以落入后端数据库的并发请求是有限的。而请求可以在消息队列中被短暂地堆积,当库存被消耗完之后,消息队列中堆积的请求就可以被丢弃了。参考图2-37所示。

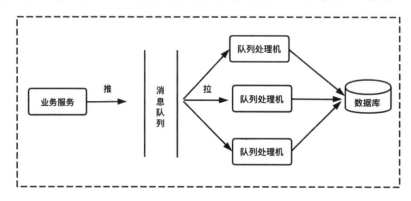

图 2-37   消息队列-队列处理机

这就是消息队列在秒杀系统中最主要的作用:削峰填谷。也就是说,它可以削平短暂的流量高峰,虽说堆积会造成请求被短暂延迟处理,但是只要我们时刻监控消息队列中的堆积长度,在堆积量超过一定量时,增加队列处理机数量来提升消息的处理能力就好了,而且秒杀的用户对于短暂延迟知晓秒杀的结果是有一定容忍度的。

2.9   负载均衡

2.9.1   负载均衡算法

服务消费者从服务配置中心获取到服务的地址列表后,需要选取其中一台发起RPC调用,这时需要用到具体的负载均衡算法。常用的负载均衡算法有轮询法、加权轮询法、随机法、加权随机法、最小资源占用法、源地址哈希法、一致性哈希法等。

1. 轮询法

轮询法是指将请求按顺序轮流地分配到后端服务器上,均衡地对待后端的每一台服务器,不关心服务器实际的连接数和当前系统负载。轮询法具体实例如图2-38所示。

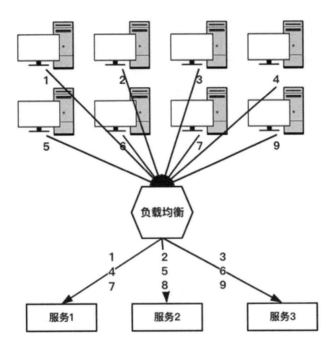

图 2-38　轮询法具体实例

由图2-38可知，假设现在有9个客户端请求，3台后端服务器。当第一个请求到达负载均衡服务器时，负载均衡服务器会将这个请求分派到后端服务器 1；当第二个请求到来时，负载均衡服务器会将这个请求分派到后端服务器 2；当第三个请求到来时，负载均衡服务器会将这个请求分派到后端服务器 3；当第四个请求到来时，负载均衡服务器会将这个请求分派到后端服务器 1，以此类推。

2. 加权轮询法

加权轮询法是指根据真实服务器的不同处理能力来调度访问请求，这样可以保证处理能力强的服务器处理更多的访问流量。简单的轮询法并不考虑后端机器的性能和负载差异。加权轮询法可以很好地处理这一问题，它将按照顺序且按照权重分派给后端服务器：给性能高、负载低的机器配置较高的权重，让其处理较多的请求；给性能低、负载高的机器配置较低的权重，让其处理较少的请求。

如图2-39所示，假设有9个客户端请求，3台后端服务器。后端服务器1被赋予权值1，后端服务器2被赋予权值2，后端服务器3被赋予权值3。这样一来：

（1）客户端请求1、2、3都被分派给服务器3处理。

（2）客户端请求4、5被分派给服务器2处理。

（3）客户端请求6被分派给服务器1处理。

（4）客户端请求7、8、9被分派给服务器3处理。

以此类推。

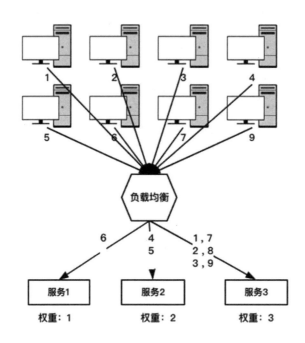

图 2-39　轮询法具体实例

3. 随机法

随机法也很简单，就是随机选择一台后端服务器进行请求的处理。由于每次服务器被挑中的概率都一样，因此客户端的请求可以被均匀地分派到所有的后端服务器上。由概率统计理论可以得知，随着调用量的增大，其实际效果越来越接近平均分配流量到每一台后端服务器，也就是轮询的效果。

4. 加权随机法

加权随机法跟加权轮询法类似，根据后台服务器不同的配置和负载情况配置不同的权重。不同的是，它是按照权重来随机选取服务器的，而非顺序。加权随机算法一般应用的场景如下：

有一个集合S：{A,B,C,D}，我们想随机从中抽取一项，但是抽取的概率不同。比如我们希望抽到A的概率是50%，抽到B和C的概率是20%，抽到D的概率是10%。一般来说，我们可以给各项附一个权重，抽取的概率与这个权重呈正比。上述集合就成了：{A:5,B:2,C:2,D:1}。扩展这个集合，使每一项出现的次数与其权重正相关。上述例子这个集合扩展成：{A,A,A,A,A,B,B,C,C,D}，然后就可以用均匀随机算法来从中选取了。

5. 最小资源占用法

例如使用最小连接数方法，这种方式检测当前和负载均衡器连接的所有后端服务器中，连接数最少的一个。连接数多的节点可以认为是处理请求慢，而连接数少的节点可以认为是处理请求快。所以在挑选节点时，可以以连接数为依据，选择连接数最少的节点访问。

还可以根据服务器报告上来的CPU使用率等来分配，但是对于统计信息的收集，会显著增加系统的复杂度。

6. 源地址哈希法

源地址哈希法是根据获取客户端的IP地址，通过哈希函数计算得到一个数值，用该数值对服务器列表的大小进行取模运算，得到的结果便是客服端要访问服务器的序号。采用源地址哈希法进行负载均衡，同一个IP地址的客户端，当后端服务器列表不变时，它每次都会映射到同一台后端服务器进行访问。源地址哈希法的缺点是，当后端服务器增加或者减少时，采用简单的哈希取模的方法会使得命中率大大降低，这个问题可以采用一致性哈希法来解决。

7. 一致性哈希法

一致性哈希法解决了分布式环境下机器增加或者减少时，简单的取模运算无法获取较高命中率的问题。通过虚拟节点的使用，一致性哈希法可以均匀分担机器的负载，使得这一算法更具现实的意义。正因如此，一致性哈希法被广泛应用于分布式系统中。

一致性哈希法通过哈希环的数据结构实现。环的起点是0，终点是$2^{32}-1$，并且起点与终点连接，哈希环中间的整数按逆时针分布，故哈希环的整数分布范围是$[0,2^{32}-1]$，具体如图2-40所示。

在负载均衡中，首先为每一台机器计算一个哈希值，然后把这些哈希值放置在哈希环上。假设我们有3台Web服务器：s1、s2、s3，它们计算得到的哈希值分别为h1、h2、h3，那么它们在哈希环上的位置如图2-41所示。

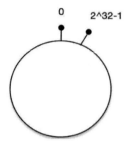

图 2-40　哈希环

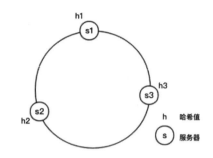

图 2-41　服务器分布在哈希环上

然后计算每一个请求IP的哈希值：hash("192.168.0.1")，并把这些哈希值放置到哈希环上。假设有5个请求，对应的哈希值为q1、q2、q3、q4、q5，放置到哈希环上的位置如图2-42所示。

接下来为每一个请求找到对应的机器,在哈希环上顺时针查找距离这个请求的哈希值最近的机器，结果如图2-43所示。

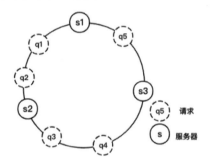

图 2-42　请求分布在哈希环上

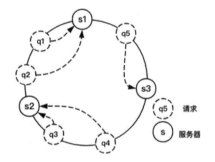

图 2-43　请求寻找最近的服务器

对于线上的业务，增加或者减少一台机器的部署是常有的事情。增加服务器 s4 的部署并将机器 s4 加入哈希环的机器 s3 与 s2 之间。这时，只有机器 s3 与 s4 之间的请求需要重新分配新的机器。如图2-44所示，只有请求 q4 被重新分配到了 s4，其他请求仍在原有机器上。

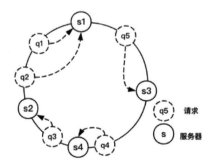

图 2-44　请求寻找最近的服务器（加入服务器 s4）

从图2-44的分析可以知道，增减机器只会影响相邻的机器，这就导致了添加机器时只会分担其中一台机器的负载，删除机器时会把负载全部转移到相邻的一台机器上，这都不是我们希望看到的。

我们希望看到的情况是：

（1）增加机器时，新的机器可以合理地分担所有机器的负载。

（2）删除机器时，多出来的负载可以均匀地分给剩余的机器。

例如，系统中只有两台服务器，由于某种原因下线Node B（节点B），此时必然造成大量数据集中到Node A（节点A）上，而只有极少量会定位到Node B上。为此，我们引入虚拟节点来解决负载不均衡的问题，即对每一个服务节点计算多个哈希，每个计算结果位置都放置一个此服务节点，称为虚拟节点。具体做法可以在服务器IP或主机名的后面增加编号来实现。例如上面的情况，可以为每台服务器计算3个虚拟节点，于是可以分别计算Node A#1、Node A#2、Node A#3、Node B#1、Node B#2、Node B#3的哈希值，形成6个虚拟节点。同时，数据定位算法不变，只是多了一步虚拟节点到实际节点的映射，例如定位到Node A#1、Node A#2、Node A#3三个虚拟节点的数据均定位到Node A上。这样就解决了服务节点少时数据倾斜的问题。在实际应用中，通常将虚拟节点数设置为32甚至更大，因此即使很少的服务节点也能做到相对均匀的数据分布。

2.9.2　负载均衡的实现

1. 基于软件负载均衡的实现

软件负载均衡是通过负载均衡功能的软件来实现负载均衡，常见的软件有LVS、Nginx、HAProxy。软件负载均衡是最常见的，大小公司都需要用到它。

软件负载均衡又分四层和七层负载均衡，四层负载均衡就是在网络层利用IP地址端口进行请求的转发，基本上就是起个转发分配的作用。而七层负载均衡可以根据访问用户的HTTP请求头、URL信息将请求转发到特定的主机。LVS为四层负载均衡，Nginx、HAProxy可以是四层，也可以是七层。

以Nginx为例，Nginx是一个高性能的HTTP和反向代理服务，可以将Nginx作为负载均衡服务，如图2-45所示。

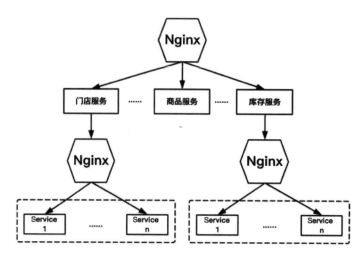

图 2-45   Nginx 负载均衡的简单原理

我们可以把Web服务配置到Nginx中，用户访问Nginx时，就会自动被分配某个Web服务。当网站业务规模变大时，通常将业务拆分为多个服务，每个服务独立部署，通过远程调用方式（RPC）协同工作。为了保证稳定性，每个服务不会只使用一台服务器，会作为一个集群存在，子集群也可以使用Nginx负载均衡。

ZooKeeper是目前流行的注册中心，每个Web服务在其中注册登记，服务调用者到注册中心查找能提供所需服务的服务器列表，然后根据负载均衡算法从中选取一台服务器进行连接。调用者获取到服务器列表后进行缓存，以提高系统性能。当服务器列表发生变化时，例如某台服务器宕机下线或者新添加服务器，ZooKeeper会自动通知调用者重新获取服务器列表。ZooKeeper服务注册原理如图2-46所示。

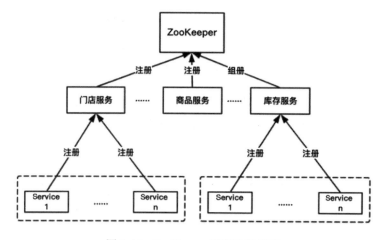

图 2-46   ZooKeeper 服务注册原理

2. DNS域名解析负载均衡

我们可以在DNS服务器上配置域名对应多个IP。例如域名www.baidu.com对应一组Web服务器 IP 地址，域名解析时通过DNS服务器的算法将一个域名请求分配到合适的真实服务器上。DNS域名解析负载均衡原理如图2-47所示。

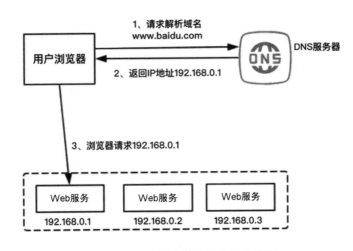

图 2-47　DNS 域名解析负载均衡原理

DNS域名解析负载均衡的优点如下：

- 将负载均衡工作交予DNS负责，省去了网站管理维护负载均衡服务器的麻烦。
- DNS支持基于地理位置的域名解析，将域名解析成距离用户地理最近的一个服务器地址，加快访问速度。
- DNS服务器稳定性高。

DNS域名解析负载均衡的缺点如下：

- DNS负载均衡的控制权在域名服务商手里，网站可能无法做出过多的改善和管理。
- DNS解析是多级解析，每一级DNS都可能会缓存记录，当某一服务器下线后，该服务器对应的DNS记录可能仍然存在，导致分配到该服务器的用户访问失败。
- DNS负载均衡采用的是简单的轮询算法，不能区分服务器之间的差异，不能反映服务器当前的运行状态，不能够按服务器的处理能力来分配负载。

3. 基于硬件负载均衡的实现

硬件负载均衡有F5、A10等。F5是一个网络设备，类似于网络交换机，完全通过硬件来抗压力。F5多用于大型互联网公司的流量入口最前端，以及政府、国企等不缺钱的企业，一般的中小公司不舍得使用。F5负载均衡原理如图2-48所示。

F5负载均衡的优点如下：

- 性能好，每秒能处理的请求数达到百万级，即几百万/秒的负载。
- 负载均衡算法支持很多灵活的策略。
- 具有一些防火墙等安全功能，例如防火墙、防DDos攻击等。

F5负载均衡的缺点如下：

- 价格贵，需十几万至上百万人民币。
- 扩展能力差，当访问量突增的时候，超过限度就不能动态扩容了。

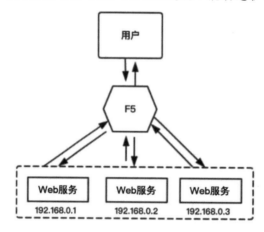

图2-48　F5负载均衡原理

2.10　限　流

2.10.1　限流概述

限流通过对某一时间窗口内的请求数进行限制保持系统的可用性和稳定性，防止因流量暴增而导致系统运行缓慢或宕机，限流的根本目的是为了保障服务的高可用。流量控制与限流的含义相似，只是表达方式不一样而已。很明显，限流是一种自我保护，也是一种有损操作，是系统为了保护自己不得已才做出的动作。

限流的类型很多，例如：

（1）接入层限流：Nginx限流、API路由网关模式。

（2）应用层限流：通过限流算法进行限流，这也是本章的重点。

（3）基础服务限流：主要针对数据库、缓存以及消息等基础服务组件的限流。

限流模式分为两种：单机限流和分布式限流。所谓单机限流，就是针对单个实例的访问频率进行限制。所谓分布式限流，就是针对某个服务的多个实例总的访问频率进行限制。例如，对单个实例的某个接口的访问频率不能超过100次/秒，就是单机限流。限制某个调用方对5个实例的某个接口的总访问频率不能超过500次/秒，就是分布式限流。

2.10.2　限流算法

限流的方式有很多，常用的有固定窗口、滑动窗口、漏桶算法和令牌桶算法等。可以将常见的策略形象地归纳为"两窗两桶"，分别有固定窗口、滑动窗口、漏桶算法和令牌桶算法。

1. 固定窗口（计数器）算法

采用计数器是一种比较简单的限流算法，一般我们会限制一秒钟能够通过的请求数。比如限流 QPS 为100，算法的实现思路就是从第一个请求进来开始计时，在接下来的1s内，每来一个请求，就把计数加1，如果累加的数字达到了100，后续的请求就会被全部拒绝。等到1s结束后，把计数恢复成0，重新开始计数。如果在单位时间1s内的前10ms处理了100个请求，那么后面的990ms会请求拒绝所有的请求，我们把这种现象称为"突刺现象"。

2. 滑动窗口算法

固定窗口是滑动窗口的一个特例。滑动窗口将固定窗口再等分为多个小的窗口，每一次对一个小的窗口进行流量控制。这种方法可以很好地解决之前的临界问题。滑动窗口，从字面意思来看：

- 滑动：说明这个窗口是移动的，也就是移动是按照一定方向来的。
- 窗口：窗口大小并不是固定的，可以不断扩容，直到满足一定的条件；也可以不断缩小，直到找到一个满足条件的最小窗口；当然，也可以固定大小。

我们将1s划分为4个窗口，则每个窗口对应250ms。假设恶意用户还是在上一秒的最后一刻和下一秒的第一刻冲击服务，按照滑动窗口的原理，此时统计上一秒的最后750ms和下一秒的前250ms，这种方式能够判断出用户的访问依旧超过了1s的访问数量，因此依然会阻拦用户的访问。参考图2-49所示。

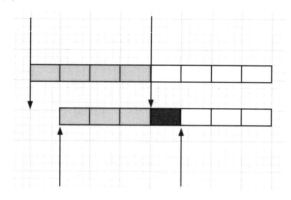

图 2-49   滑动窗口简单原理

滑动窗口算法在很多地方都有用到，例如TCP流量控制、Hystrix服务调用的失败率计算等。接下来我们讲解Hystrix是如何计算一段时间内服务调用的失败率的。

Hystrix通过滑动窗口来对数据进行统计，默认情况下，滑动窗口包含10个桶，每个桶的时间宽度为1秒，每个桶内记录了这1秒内所有服务调用中成功的、失败的、超时的以及被线程拒绝的次数。当新的1秒到来时，滑动窗口就会往前滑动，丢弃掉最旧的1个桶，把最新的1个桶包含进来。如图2-50所示。

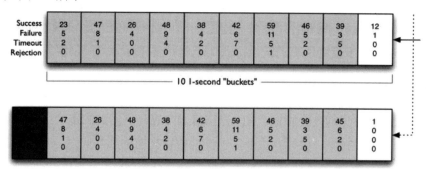

图 2-50   Hystrix 滑动窗口原理

任意时刻,Hystrix都会取滑动窗口内所有服务调用的失败率作为断路器开关状态的判断依据,这10个桶内记录的所有失败的、超时的、被线程拒绝的调用次数之和除以总的调用次数就是滑动窗口内所有服务调用的失败率。

其实这里就可以看出滑动窗口主要应用在数组和字符串上。

3. 漏桶算法

漏桶算法的思路很简单,一个固定容量的漏桶按照常量固定速率流出水滴。如果桶是空的,就不需要流出水滴。我们可以按照任意速率流入水滴到漏桶。如果流入的水滴超出了桶的容量,流入的水滴就会溢出(被丢弃),而漏桶容量是不变的,漏桶算法思路是一种"宽进严出"的策略。漏桶算法的大致原理如图2-51所示。

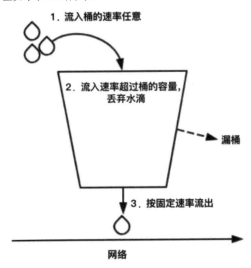

图 2-51　漏桶算法的简单原理

漏桶算法提供了一种机制,通过它可以让突发流量被整形,以便为网络提供稳定的流量。一般来说,"漏桶"可以用一个队列来实现,当请求过多时,队列就会开始积压请求,如果队列满了,就会开拒绝请求,如图2-52所示。

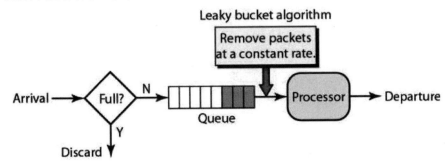

图 2-52　漏桶算法的队列实现

综上所示,漏桶算法比较适合间隔性突发流量且流量不用即时处理的场景。

4. 令牌桶算法

令牌桶算法是比较常见的限流算法之一，可以使用它进行接口限流，其大致原理如图2-53所示。

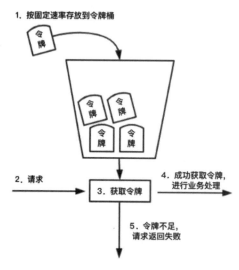

图 2-53　令牌桶算法的简单原理

令牌按固定的速率被放入令牌桶中，例如tokens/秒。桶中最多存放b个令牌，当桶装满时，新添加的令牌被丢弃或拒绝。当请求到达时，将从桶中删除1个令牌。令牌桶中的令牌不仅可以被移除，还可以往里添加，所以为了保证接口随时有数据通过，必须不停地往桶里加令牌。由此可见，往桶里加令牌的速度就决定了数据通过接口的速度。我们通过控制往令牌桶里加令牌的速度从而控制接口的流量，如图2-54所示。

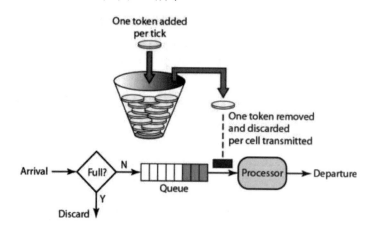

图 2-54　令牌桶算法的实现原理

由图2-54可知，当有突发大流量时，只要令牌桶里有足够多的令牌，请求就会被迅速执行。通常情况下，令牌桶容量的设置可以接近服务器处理的极限，这样就可以有效利用服务器的资源。因此，这种策略适用于有突发特性的流量，且流量需要即时处理的场景。

漏桶算法和令牌桶算法的主要区别在于：

- 漏桶算法是按照常量固定速率流出请求的，流入请求速率任意，当流入的请求数累积到漏桶容量时，新流入的请求被拒绝。漏桶算法限制的是常量流出速率，从而使突发流入速率平滑，允许一定程度的大流量，但处理速率始终不变，缺乏效率。
- 令牌桶算法是按照固定速率往桶中添加令牌的，请求是否被处理需要看桶中的令牌是否足够，当令牌数减为零时，拒绝新的请求。令牌桶算法允许突发请求，只要有令牌就可以处理，允许一定程度的突发流量。

4种限流算法的区别如表2-2所示。

表 2-2 4 种限流算法的区别

限流策略	流量整形	容忍突发流量	平滑限流	实现复杂度
固定窗口算法	不支持	不支持	不支持	低
滑动窗口算法	不支持	不支持	不支持	中
漏桶算法	支持	不支持	支持	高
令牌桶算法	支持	支持	支持	高

总结一下，限流的核心思路是：第一，根据业务特点（比如是否有突发流量、输出流量、是否需要整形、是否需要平滑限流等）选择合适的限流策略，确保限流策略的健壮性和可靠性；第二，分层次在不同的位置进行限流，多管齐下，全方位完善限流体系。

2.10.3 Sentinel 中的匀速排队限流策略

目前，漏桶算法已经用于很多框架了，比如阿里开源的流量控制框架Sentinel中的匀速排队限流策略就采用了漏桶算法。Sentinel是面向分布式服务架构的流量控制组件，主要以流量为切入点，从流量控制、熔断降级、系统自适应保护等多个维度来帮助用户保障微服务的稳定性。

Sentinel有两种流量控制方式：

（1）通过并发线程数进行流量控制。

在分布式系统中，每个请求对应一个线程进行处理。当请求太多系统处理不过来时，意味着线程池可能已经被耗尽（线程池中无空闲线程），因此当请求过多时，执行请求的并发线程数自然会随之增加，当超过一定的阈值（比如线程池中的线程总数）时，需要采取一定的策略来进行流量控制。在Sentinel中，采用直接拒绝的方式，即新来的请求会直接拒绝。

（2）通过QPS指标进行流量控制。

QPS是指每秒的查询率，当QPS达到阈值时，Sentinel提供了3种流量控制策略，分别是快速失败、预热（Warm Up）和排队等待。具体如图2-55所示。

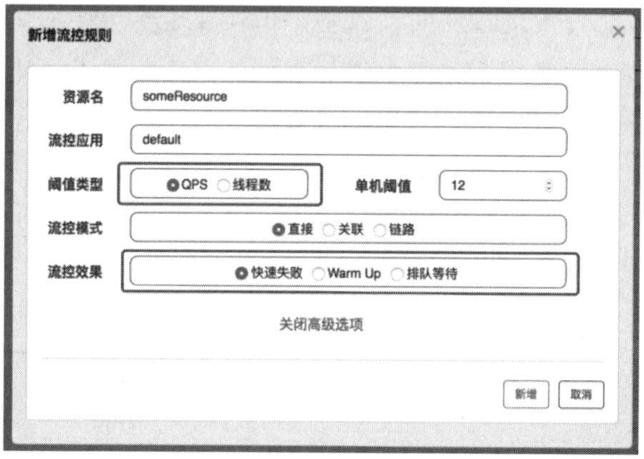

图 2-55   流量控制策略

接下来了解Sentinel如何实现限流。Sentinel源码的GitHub地址为https://github.com/alibaba/Sentinel，分支为release-1.8，读者可自行下载。注解@SentinelResource可以说是学习Sentinel的突破口，搞懂这个注解的应用基本上就搞清楚了Sentinel的大部分应用场景。

Sentinel提供了@SentinelResource注解用于定义资源，并提供了AspectJ 的扩展用于自动定义资源、处理BlockException等。@SentinelResource源码如下：

```
@Target({ElementType.METHOD, ElementType.TYPE})
@Retention(RetentionPolicy.RUNTIME)
@Inherited
public @interface SentinelResource {

    /**
     * @return name of the Sentinel resource
     */
    String value() default "";

    //省略代码
}
```

查看Sentinel的源码，可以看到SentinelResource定义了value、entryType、resourceType、blockHandler、fallback以及defaultFallback等属性。使用@SentinelResource注解必须开启对应的切面，引入SentinelResourceAspect类。如果应用中使用了Spring AOP，需要在代码中添加SentinelResourceAspect的Bean，通过配置的方式将SentinelResourceAspect注册为一个Spring Bean：

```
@Configuration
public class SentinelAspectConfiguration {

    @Bean
    public SentinelResourceAspect sentinelResourceAspect() {
        return new SentinelResourceAspect();
    }
}
```

查看SentinelResourceAspect切面的源码，具体如下：

```
@Aspect
public class SentinelResourceAspect extends AbstractSentinelAspectSupport {

    @Pointcut("@annotation(com.alibaba.csp.sentinel.annotation.
      SentinelResource)")
    public void sentinelResourceAnnotationPointcut() {
    }

    @Around("sentinelResourceAnnotationPointcut()")
    public Object invokeResourceWithSentinel(ProceedingJoinPoint pjp) throws
      Throwable {
        Method originMethod = resolveMethod(pjp);
        //获取@SentinelResource注解
        SentinelResource annotation = originMethod.getAnnotation
          (SentinelResource.class);
        if (annotation == null) {
            //Should not go through here
            throw new IllegalStateException("Wrong state for SentinelResource
              annotation");
        }
        //获取@SentinelResource 注解value属性值
        String resourceName = getResourceName(annotation.value(),
          originMethod);
        //获取@SentinelResource 注解entryType属性值
        EntryType entryType = annotation.entryType();
```

```
        int resourceType = annotation.resourceType();
        Entry entry = null;
        try {
            //sentinel为每个资源创建一个Entry
            entry = SphU.entry(resourceName, resourceType, entryType,
                pjp.getArgs());
            return pjp.proceed();
        } catch (BlockException ex) {
            return handleBlockException(pjp, annotation, ex);
        } catch (Throwable ex) {
            Class<? extends Throwable>[] exceptionsToIgnore = annotation.
                exceptionsToIgnore();
            //The ignore list will be checked first
            if (exceptionsToIgnore.length > 0 && exceptionBelongsTo(ex,
                exceptionsToIgnore)) {
                throw ex;
            }
            if (exceptionBelongsTo(ex, annotation.exceptionsToTrace())) {
                traceException(ex);
                return handleFallback(pjp, annotation, ex);
            }

            //No fallback function can handle the exception, so throw it out.
            throw ex;
        } finally {
            if (entry != null) {
                entry.exit(1, pjp.getArgs());
            }
        }
    }
}
```

SentinelResourceAspect是一个切面，任何一个加了@SentinelResource注解的资源都会被invokeResourceWithSentinel方法拦截，Sentinel为每个资源创建一个Entry，进入SphU.entry()→Env.sph.entryWithType()→entryWithType()→entryWithPriority()：

```
private Entry entryWithPriority(ResourceWrapper resourceWrapper, int count,
    boolean prioritized, Object... args)
        throws BlockException {
        //1.Context是当前线程所持有的Sentinel上下文
        Context context = ContextUtil.getContext();
        //省略代码
```

```
if (context == null) {
    //Using default context.
    context = InternalContextUtil.internalEnter(Constants.CONTEXT_
        DEFAULT_NAME);
}
if (!Constants.ON) {
    return new CtEntry(resourceWrapper, null, context);
}
//2.构建链路
ProcessorSlot<Object> chain = lookProcessChain(resourceWrapper);
if (chain == null) {
    return new CtEntry(resourceWrapper, null, context);
}

Entry e = new CtEntry(resourceWrapper, chain, context);
try {
    //3.开始进行链路的调用
    chain.entry(context, resourceWrapper, null, count, prioritized,
        args);
} catch (BlockException e1) {
    e.exit(count, args);
    throw e1;
} catch (Throwable e1) {
}
return e;
}
```

lookProcessChain方法用于构建链路，内部会判断槽链是否存在，有的话直接获取，没有的话调用 liangchaoSlotChainProvider.newSlotChain() 进 行 创 建 ， newSlotChain() 调 用 slotChainBuilder.build()→DefaultSlotChainBuilder.build()→loadInstanceListSorted()→SpiLoader. loadInstanceListSorted()→SpiLoader.load()，load()方法会读取文件META-INF/services/com.alibaba. csp.sentinel.slotchain.ProcessorSlot。从这里可以看出，链路由这些节点组成，而Slot之间的顺序是根据每个Slot节点的@SpiOrder注解的值来确定的。

```
NodeSelectorSlot -> ClusterBuilderSlot -> LogSlot -> StatisticSlot ->
AuthoritySlot -> SystemSlot -> FlowSlot -> DegradeSlot
```

在Sentinel中，所有的资源都对应一个资源名称以及一个Entry。Entry可以通过对主流框架的适配自动创建，也可以通过注解的方式或调用API显式创建。每一个Entry创建的时候，同时也会创建一系列功能插槽。这些插槽有不同的职责，例如：

（1）NodeSelectorSlot负责收集资源的路径，并将这些资源的调用路径以树状结构存储起来，用于根据调用路径来限流降级。

（2）ClusterBuilderSlot用于存储资源的统计信息以及调用者信息，例如该资源的响应时间、每秒查询率、线程数等，这些信息将用作多维度限流、降级的依据。

（3）StatisticSlot用于记录、统计不同纬度的runtime指标监控信息。

（4）FlowSlot用于根据预设的限流规则以及前面Slot统计的状态进行流量控制。

（5）AuthoritySlot根据配置的黑白名单和调用来源信息来做黑白名单控制。

（6）DegradeSlot通过统计信息以及预设的规则来做熔断降级。

（7）SystemSlot通过系统的状态（例如load1等）来控制总的入口流量。

参考图2-56所示。

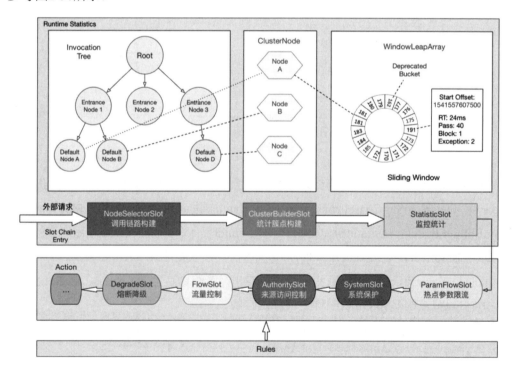

图 2-56　Sentinel 总体架构图

　　构建好了链路，下面开始进行链路的调用chain.entry()。由于我们关注的是Sentinel限流，因此主要看FlowSlot类的entry()方法，具体代码如下：

```
@Spi(order = Constants.ORDER_FLOW_SLOT)
public class FlowSlot extends AbstractLinkedProcessorSlot<DefaultNode> {

    private final FlowRuleChecker checker;
      //省略代码
    @Override
    public void entry(Context context, ResourceWrapper resourceWrapper,
      DefaultNode node, int count,
                      boolean prioritized, Object... args) throws Throwable {
        //进行规则检查
    checkFlow(resourceWrapper, context, node, count, prioritized);

        fireEntry(context, resourceWrapper, node, count, prioritized, args);
    }
}
```

checkFlow方法调用FlowRuleChecker.checkFlow，具体代码如下：

```
public void checkFlow(Function<String, Collection<FlowRule>> ruleProvider,
  ResourceWrapper resource,
                    Context context, DefaultNode node, int count, Boolean
                    prioritized) throws BlockException {
      if (ruleProvider == null || resource == null) {
          return;
      }
      Collection<FlowRule> rules = ruleProvider.apply(resource.getName());
      if (rules != null) {
          //
          for (FlowRule rule : rules) {
              //调用下面的canPassCheck方法
              if (!canPassCheck(rule, context, node, count, prioritized)) {
                  throw new FlowException(rule.getLimitApp(), rule);
              }
          }
      }
  }
```

```
public boolean canPassCheck(/*@NonNull*/ FlowRule rule, Context context,
   DefaultNode node, int acquireCount,
                                        boolean prioritized) {
      String limitApp = rule.getLimitApp();
      if (limitApp == null) {
          return true;
      }

      if (rule.isClusterMode()) {
          return passClusterCheck(rule, context, node, acquireCount,
            prioritized);
      }
      //调用下面的passLocalCheck方法
      return passLocalCheck(rule, context, node, acquireCount,prioritized);
   }

private static boolean passLocalCheck(FlowRule rule, Context context,
   DefaultNode node, int acquireCount,
                                   boolean prioritized) {
      Node selectedNode = selectNodeByRequesterAndStrategy(rule, context,
        node);
      if (selectedNode == null) {
          return true;
      }
      //rule.getRater()是重点
      return rule.getRater().canPass(selectedNode, acquireCount,
        prioritized);
   }
```

这里先根据请求和当前规则的策略找到该规则下存储统计信息的节点，然后根据当前规则获取相应控制器，通过控制器的canPass()方法进行判断。rule.getRater()方法会返回一个控制器，接口为TrafficShapingController，该接口的实现类图如图2-57所示。

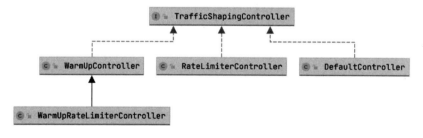

图 2-57   TrafficShapingController 接口实现类

从图2-57可知，Sentinel使用多种策略模式实现不同的流控策略。

（1）DefaultController：该策略是Sentinel的默认策略，如果请求超出阈值，则直接拒绝请求。

（2）RateLimiterController：匀速排队策略。

（3）WarmUpController：预热/冷启动策略。

（4）WarmUpRateLimiterController：预热的匀速排队策略，是匀速排队模式和预热模式的结合。

2.11 降 级

2.11.1 服务降级概述

分布式微服务架构的流量非常庞大，业务高峰时，为了保证服务的高可用，往往需要服务或者页面有策略地不处理或换种简单的方式处理，从而释放服务器资源以保证核心交易正常运作或高效运作。这种技术在分布式微服务架构中称为服务降级。这里举几个实例：

实例一：放弃不重要的业务功能，例如在线购物系统，整个购买流程是重点业务，比如支付功能，在流量高峰时，为了保证购买流程的正常运行，往往会关闭一些不太重要的业务，比如广告业务等。

实例二：降低返回数据量，例如评论只能查看最近的100条，历史订单只能查看最近的一个月。

实例三：降低安全性，例如不调用风控接口，不记录审查日志。

简而言之，弃卒保帅。

2.11.2 服务降级开关

工作中常用的降级方式是使用降级开关，降级开关属于人工降级，我们可以设置一个分布式降级开关，用于实现服务的降级，然后集中式管理开关配置信息即可，具体方案如图2-58所示。

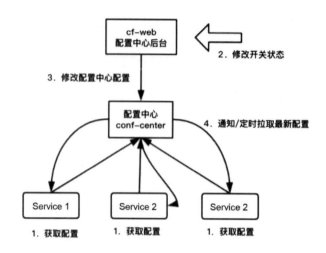

图 2-58   服务降级开关简单原理

服务降级开关的步骤如下：

步骤01 服务启动时，从配置中心拉取配置，之后定时从配置中心拉取配置信息。

步骤02 流量高峰，为保证重要业务的高可用（SLA），开发人员通过配置中心后台修改非核心业务功能开关。

步骤03 在配置中心修改配置。

步骤04 在配置中心通知服务或者服务定时拉取最新配置，修改内存配置信息，配置开关生效，非核心业务功能暂时关闭。

2.11.3   自动降级

人工降级需要人为干预，但是系统服务24小时在线运行，人的精力毕竟有限。因此，系统服务需要支持自动化降级。自动化降级往往根据系统负载、资源使用情况、每秒查询率、平均响应时间、SLA等指标进行降级。下面简单列举几种。

1. 超时降级

访问的资源响应时间长，超过定义的最大响应时间，且该服务不是系统的核心服务的时候，可以在超时后自动降级。

2. 失败次数降级

当系统服务失败次数达到一定阈值时自动降级，可以使用异步线程探测服务是否恢复，恢复即取消降级。

3. 故障降级

系统服务出现网络故障、DNS故障、HTTP服务返回错误的状态码、RPC服务抛出异常等，可以直接降级。降级后的处理方案有：返回默认值、兜底数据（提前准备好静态页面或者数据）、缓存数据等。

4. 限流降级

系统服务因为访问量太大而导致系统崩溃，可以使用限流来限制访问量，当达到限流阈值时，后续请求会被降级。降级后的处理方案有：使用排队页面（导流到排队页面等一会重试）、错误页等。

2.11.4　读服务降级

对于非核心业务，服务读接口有问题的时候，可以暂时切换到缓存（比如，数据库的压力比较大，在降级的时候，可以考虑只读取缓存的数据，而不再读取数据库中的数据）、走静态化、读取默认值，甚至直接返回友好的错误页面。对于前端页面，可以将动态化的页面静态化，减少对核心资源的占用，以提升性能。反之，如果静态化页面出现问题，那么可以降级为动态化来保证服务正确运行。

对于整个系统的链路，在各个环节都有相应的读服务降级策略，具体业务具体分析即可。

2.11.5　写服务降级

对于写操作非常频繁的系统服务，比如淘宝"双十一"时，用户下单、加入购物车、结算等操作都涉及大量的写服务。可采取的策略有：

（1）同步写操作转异步写操作。

（2）先写缓存，异步写数据到DB中。

（3）先写缓存，在流量低峰，定时写数据到DB中。

例如购物"秒杀"系统，先扣减Redis库存，正常同步扣减DB库存，在流量高峰DB性能扛不住的时候，可以降级为发送一条扣减DB库存的信息，异步进行DB库存扣减，实现最终一致即可。如果DB还有压力，还可以直接扣减缓存，在流量低峰，定时写数据到DB中。

总之，降级与限流有明显的区别，前者依靠牺牲一部分功能或体验保住容量，而后者则依靠牺牲一部分流量来保住容量。限流的通用性会更强一些，因为每个服务理论上都可以设置限流，但并不是每个服务都能降级，比如交易服务和库存服务就不可能被降级，因为没有这两个服务，用户都没法购物了。

2.12　熔　断

2.12.1　熔断概述

在微服务架构中，服务之间相互调用，下游服务的故障可能会导致级联故障，进而造成整个系统不可用的情况，这种现象被称为服务雪崩效应。服务雪崩效应是一种因"服务提供者"不可用导致"服务消费者"不可用，并将不可用逐渐放大的过程。

如图2-59所示，A是服务提供者，B是A的服务消费者，C是B的服务消费者。A不可用引起了B不可用，并将不可用像滚雪球一样放大到C，雪崩效应就形成了。

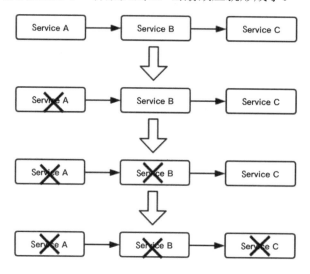

图 2-59　服务级联故障图

为了防止出现服务雪崩效应，可以采用熔断策略，熔断类似于电闸上的"保险丝"，当电压有问题（比如短路）时，会自动跳闸，此时电路就会断开，电器就会受到保护。不然，会导致电器被烧坏，如果人没在家或人在熟睡中，还会导致火灾。所以，在电路世界通常都会有这样的自我保护装置。服务治理中的熔断机制指的是在发起服务调用的时候，如果返回错误或者超时的次数超过一定阈值，则后续的请求不再发向远程服务，而是暂时返回错误。这种实现方式又称为熔断器模式。

熔断器模式类似于容易导致错误操作的一种代理，代理能够记录最近调用发生错误的次数，然后决定是继续操作还是立即返回错误。

2.12.2　熔断实现

熔断器可以使用状态机来实现，通常有以下几种状态（见图2-60）：

- 断开（Open）状态：在该状态下，对应用程序的请求会立即返回错误响应，而不调用后端的服务。
- 闭合（Closed）状态：需要一个调用失败的计数器，如果调用失败，失败次数加1。如果最近失败次数超过了在给定时间内允许失败的阈值，则切换到断开状态。此时开启了一个超时时钟，当该时钟超过了该时间，则切换到半开（Half-Open）状态。该超时时间的设定是给系统一次机会来修正导致调用失败的错误，以回到正常工作的状态。在闭合状态下，错误计数器是基于时间的，在特定的时间间隔内会自动重置，这能够防止由于某次的偶然错误导致熔断器进入断开状态。错误计数器也可以基于连续失败的次数。
- 半开状态：允许应用程序一定数量的请求去调用服务。如果这些请求对服务的调用成功，则可以认为之前导致调用失败的错误已经修正，此时熔断器切换到闭合状态，同时将错误计数器重置。

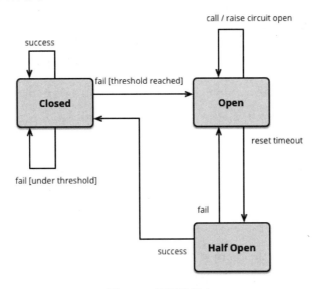

图 2-60　熔断器状态

2.12.3　案例：Hystrix 的工作流程

图2-61显示了通过Hystrix向服务依赖项请求时发生的情况。

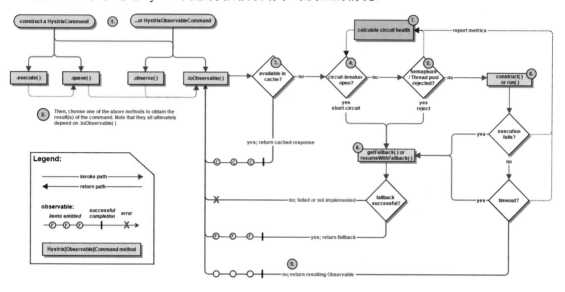

图 2-61　Hystrix 的工作流程

1. 包装请求，构造一个HystrixCommand或HystrixObservableCommand对象

每次调用都会创建一个HystrixCommand或HystrixObservableCommand对象，以表示对依赖项的请求，向构造函数传递发出请求时所需的任何参数。

如果期望依赖项返回简单响应，则构造一个HystrixCommand对象。例如：

```
HystrixCommand command = new HystrixCommand(arg1, arg2);
```

如果期望依赖项返回一个发出响应的Observable，则构造一个HystrixObservableCommand对象。例如：

```
HystrixObservableCommand command = new HystrixObservableCommand(arg1, arg2);
```

2. 执行命令

执行execute或queue做同步、异步调用：

- execute()：阻塞型方法，返回单个结果（或者抛出异常）。
- queue()：异步方法，返回一个Future对象，可以从中取出单个结果（或者抛出异常）。
- observe()和toObservable()：都返回对应的Observable对象，代表（多个）操作结果。注

意，observe方法在调用的时候就开始执行对应的指令，而toObservable方法相当于watch方法的lazy版本，当我们去订阅的时候，对应的指令才会被执行并产生结果。

```
K  value   = command.execute();
Future<K>   fValue = command.queue();
Observable<K> ohValue = command.observe();        //hot observable
Observable<K> ocValue = command.toObservable();   //cold observable
```

执行同步调用 execute 方法，会调用 queue().get() 方法，queue() 又会调用 toObservable().toBlocking().toFuture()方法。所以，所有的方法调用都依赖Observable的方法调用，只是取决于需要同步调用还是异步调用。

3. 缓存处理

当请求到来后，会判断请求是否启用了缓存（默认是启用的），再判断当前请求是否携带了缓存Key，如果命中缓存就直接返回，否则进入剩下的逻辑。

4. 判断断路器是否打开（熔断）

在结果没有命中缓存的时候，Hystrix在执行命令前检查断路器是否为打开状态：

（1）如果断路器是打开的，Hystrix不会执行命令，而是转接到Fallback处理逻辑（对应下面第8步）。

（2）如果断路器是关闭的，那么Hystrix跳到第5步，检查是否有可用资源来执行命令。

5. 线程池/队列/信号量是否已满

如果与该命令关联的线程池和队列（或信号量，如果未在线程中运行）已满，则Hystrix将不执行该命令，而是转接到Fallback处理逻辑（对应下面第8步）。

6. HystrixObservableCommand.construct()或HystrixCommand.run()

调用 HystrixCommand 的 run 方法，如果调用超时，则当前处理线程会抛出一个 TimeoutException。在这种情况下，Hystrix会转接到Fallback处理逻辑，即第8步。如果命令没有抛出异常并返回结果，那么Hystrix在记录一些日志采集监控报告之后将结果返回。

7. 计算电路器的健康度

计算熔断器状态，所有的运行状态（成功、失败、拒绝、超时）都上报给熔断器，熔断器统计数据来决定熔断器的状态。

8. Fallback处理

降级处理逻辑，根据前面的步骤可以得出以下4种情况会进入降级处理：

（1）熔断器打开。

（2）线程池/信号量跑满。

（3）调用超时。

（4）调用失败。

9. 返回成功的响应

如果Hystrix命令成功执行，它将以Observable的形式将一个或多个响应返回给调用方。

根据在前面的第2步中调用命令的方式，此Observable可能会在返回给用户之前进行转换。

queue()、execute()、toObservable()和observe() 4种调用方式之间的依赖关系如图2-62所示。

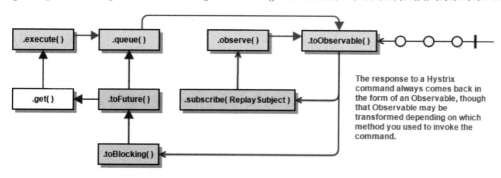

图 2-62   4 种调用方式之间的依赖关系

图2-62展示了4种调用关系之间的依赖关系：

- queue()：将Observable转换为BlockingObservable，并调用它的toFuture方法返回异步的Future对象。

- execute()：在queue()产生异步结果Future对象之后，通过调用get方法阻塞并等待结果返回。

- toObservable()：返回最原始的Observable对象，必须订阅它才能真正开始执行命令的流程。

● observe(): 在toObservable产生原始的Observable之后立即订阅它，让命令能够马上开始异步执行，并返回一个Observable对象，当调用它的subscribe时，将重新产生结果并通知给订阅者。

图2-63是Netflix Hystrix官方文档中熔断器的详细执行逻辑。

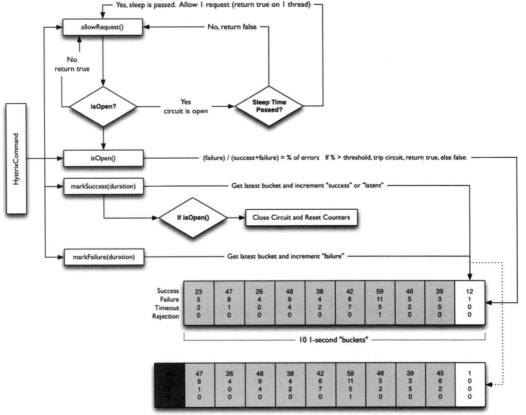

图 2-63　Netflix Hystrix 熔断器的详细执行逻辑

由图2-63可知，当请求进来时，首先allowRequest()函数判断是否在熔断中，如果不是，则放行，如果是，还要看有没有到达一个熔断时间片，如果熔断时间片到了，也放行，否则直接返回出错。每次调用都有两个函数markSuccess(duration)和markFailure(duration)来统计在一定的时间内有多少调用是成功还是失败的。

线路的开路闭路详细逻辑如下：

（1）假设线路内的容量（请求QPS）达到一定阈值（通过HystrixCommandProperties.circuitBreakerRequestVolumeThreshold()配置），同时假设线路内的错误率达到一定阈值（通过HystrixCommandProperties.circuitBreakerErrorThresholdPercentage()配置），熔断器将从闭路转换成开路。

（2）若此时是开路状态，熔断器将短路后续所有经过该熔断器的请求，这些请求直接走失败回退逻辑。

（3）经过一定休眠窗口（通过HystrixCommandProperties.circuitBreakerSleepWindowInMilliseconds()配置），后续第一个请求将会被允许通过熔断器（此时熔断器处于半开状态），若该请求失败，熔断器将又进入开路状态，且在休眠窗口内保持此状态；若该请求成功，熔断器将进入闭路状态，回到第1步循环往复。

2.13   故障检测

在分布式系统中，集群服务/中间件出现问题时，如何快速检测出来？例如：

（1）在Kafka集群节点中，Leader节点如何判断Follower节点是否存活？

（2）注册中心如何判断服务是否正常或下线？

常见的故障检测方法是心跳机制，心跳机制通过持续地往连接上发送"模拟数据"来试探连接的可用性，同时让连接在没有真正业务数据收发的时候，也持续有数据流通，而不会被中间的网络运营商、自家防火墙，尤其是NAT策略的设定检测到某条链路长时间不通信，为了节省端口资源，回收这个长时间没有流量出入的端口。

基于心跳进行故障检测的策略主要分为两类，即固定心跳检测策略和根据历史心跳信息预测故障策略。

2.13.1   固定心跳

固定心跳机制的基本流程如图2-64所示。

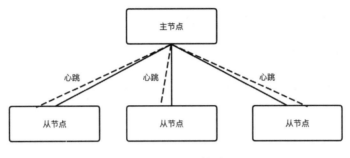

图 2-64　心跳检测

（1）主节点周期性（比如每隔1s）地向从节点发送心跳包，正常情况下从节点收到主节点发送的心跳包后，会立即回复一个心跳包，告知主节点自己还活着。

（2）当某个从节点发生故障后，主节点无法接收到从节点的回复信息。通常情况下，系统会设置一个阈值，若超过这个阈值还未收到从节点的回复，主节点就会标记自己与该从节点心跳超时。

（3）如果连续N次主节点与从节点的心跳超时，主节点就会判断该从节点出现故障了。其中，设置连续N次的目的是降低系统网络延迟等原因导致误判的概率。这里的N需要根据业务场景进行设置。如果N设置得太小，容易导致故障误判率过高；如果N设置得太大，会导致故障发现的时间过长。

2.13.2　心跳设计

1. PING/PONG

Server/Client谁负责PING，谁负责PONG呢？其实谁来都可以，在MQTT（Message Queuing Telemetry Transport，消息队列遥测传输）中，Client负责 PING。

但PING/PONG的角色并非固定的，例如当PONG side一段时间没有收到PING时，可以做一次转换，让原本的PONG side发送一次PING给PING side以确保对端活着，同时催促它赶紧继续走心跳流程（缺点是PONG side也要维护一个timer）。

2. 宽限期

假设Keepalive Interval设定为10秒，但timeout timer一般要设置为（10+宽限期）秒。这是因为消息在网络传输中会有延迟，极有可能 PONG 因为网络延迟在第11秒到达，此时如果不加上对网络延迟的宽限，就会有许多实际上活着的连接被重置掉。

上面提到的MQTT之所以设置timeout=1.5×Keepalive Interval，也是这个道理。

3. 心跳内容、频率

当用户的Client是插卡的移动设备时，心跳的内容量、频率都是影响流量消耗的一个重大因素。所以心跳消息应该尽可能短小，心跳的频率应该尽可能合理的低。

一般在应用层上设计心跳时，如果Client是移动设备，我们都会希望在心跳中夹带一些私货。

以MDM（Mobile Device Management）场景为例，业务上需要移动设备的剩余电量、网络信号、经纬度等状态定时丢给服务端。在这种有着大量在线移动端设备的场景下，长连接绝对是比HTTP轮询更好的选择。

2.13.3　TCP Keepalive

TCP Keepalive 可以认为是 TCP 的心跳机制（不过RFC 793中并没有对它的定义），几乎所有操作系统的TCP/IP协议栈都实现了Keepalive。

Keepalive的超时、心跳间隔等参数在不同操作系统上各不相同，也支持手动对Linux进行如下修改：

```
> ll /proc/sys/net/ipv4/ | grep tcp_keep
-rw-r--r-- 1 root root 0 Nov 14 10:58 tcp_keepalive_intvl
-rw-r--r-- 1 root root 0 Nov 14 10:58 tcp_keepalive_probes
-rw-r--r-- 1 root root 0 Nov 14 10:58 tcp_keepalive_time
```

既然TCP Keepalive已经实现了心跳，为什么许多应用层协议还要自己设计心跳呢（如Websocket PING/PONG、MQTT Keepalive）？主要的原因是：

（1）Keepalive的参数调整是系统级的，长连接应用如果更换了机器或部署到多台机器，所有机器的系统参数都要确保调整到一致。

（2）当一台机器部署两个异构的长连接应用，而这两个应用对心跳的需求不一致时，TCP Keepalive无法满足。

总而言之，TCP Keepalive不足以满足应用层的"探活"需求，因为应用层需要灵活、可定制的心跳机制。

2.13.4　MQTT Keepalive

MQTT是一种基于发布/订阅模式的"轻量级"通信协议，该协议构建于TCP/IP上，由IBM在1999年发布。MQTT最大的优点在于，可以以极少的代码和有限的带宽为连接远程设备提供实时可靠的消息服务。作为一种低开销、低带宽占用的即时通信协议，使其在物联网、小型设备、移动应用等方面有较广泛的应用。MQTT的简单原理如图2-65所示。

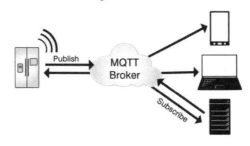

图 2-65　MQTT 简单原理

在MQTT中，通过PINGREQ和PINGRESP的心跳消息来保证Keepalive。 MQTT Client 在连接 Broker 时需要携带一个Keepalive 参数，表示约定的心跳间隔（单位为s）。当Keepalive=0时，表示不启用心跳。

在设定了Keepalive !=0的前提下，Broker如果在1.5×Keepalive秒内没有收到该Client的PINGREQ或者其他任何消息，就主动断开连接。反之，如果Client在同样的时间内没有收到Broker的PINGRESP，也会断开连接。

2.14　故障隔离

2.14.1　故障隔离概述

所谓故障隔离，就是把故障通过某种方式与其他正常模块进行隔离，以保证某一模块出现故障后，不会影响其他模块。现实生活中故障隔离的例子非常多，例如森林救火方法：隔离法，采取阻隔的手段使火与可燃物分离，使已燃的物质与未燃的物质分隔。故障隔离可以避免分布式系统出现大规模的故障，甚至是瘫痪，降低损失。

在分布式系统中，要实现故障隔离，通常需要在进行系统设计时提前对可能出现的故障进行预防，以使得在出现故障后能实现故障隔离。

2.14.2 故障隔离策略

分布式系统中的故障隔离策略有很多，下面介绍3种比较常见的故障隔离策略，即以功能模块为粒度进行隔离的线程级隔离和进程级隔离，以及以资源为隔离维度的资源隔离。

1. 线程级隔离

线程级隔离是指使用不同的线程池处理不同的请求任务，当某种请求任务出现故障时，负责其他请求任务的线程池不会受到影响，即会继续提供服务，从而实现故障的隔离，如图2-66所示。

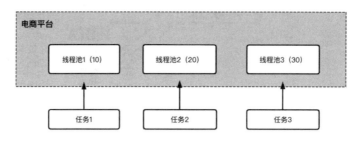

图 2-66　线程级隔离原理

系统实现线程级隔离后，线程间的通信通常使用共享变量来实现。简单地说，共享变量就是一个进程中的全局变量，在进程的各个线程间可以同时使用。这种通信方式实现简单且效果明显。

2. 进程级隔离

进程级隔离是指对复杂的业务系统进行拆分，将系统按照功能分为不同的进程，然后分布到相同或不同的机器中。当某个机器进程出现故障时，不会对其他机器进程造成影响。

如图2-67所示，电商平台可以分为用户服务、订单服务和商品服务3部分，这3个子服务可以采用3个不同的进程来服务用户。

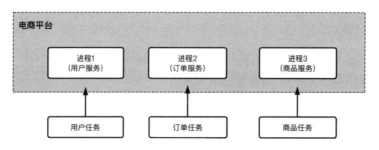

图 2-67　进程级隔离原理

这就是一个进程级的故障隔离方案，即不同的子服务对应不同的进程，某一个子服务出现故障，不会导致其他服务不可用。

系统实现进程级隔离后，进程间的通信大体可以分为以下两类：

（1）如果进程都在同一台机器上，则可以通过管道、消息队列、信号量、共享内存等方式来实现。

（2）如果进程分布在不同机器上，则可以通过远程调用、消息队列来实现。

3. 资源隔离

简单来说，资源隔离就是将分布式系统的所有资源分成几个部分，每部分资源负责一个模块，这样系统各个模块就不会争抢资源，即资源之间互不干扰。这种方式不仅可以提高硬件资源的利用率，也便于系统的维护与管理，可以大幅提升系统性能。

与进程级隔离不同的是，微服务框架采用容器进行故障隔离。容器虽然本质上是操作系统的一个进程，但具备普通进程不具备的特性，比如资源隔离。

如图2-68所示，启动3个容器，分别负责用户服务、订单服务和商品服务，一个容器对应一个进程。

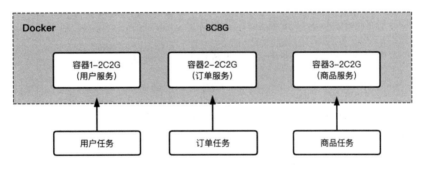

图 2-68　资源隔离原理

Docker主要使用Linux内核中的Cgroups模块来设置容器的资源上限，包括 CPU、内存、磁盘、网络带宽等。通过Cgroups模块，容器间就形成了资源隔离，从而可以避免容器间的资源争夺，提升系统性能。通过容器进行资源隔离后，需要容器进行网络配置来进行容器间的通信。比如，Docker 默认是通过建立虚拟网桥来实现容器间的通信的。

除此之外，还有集群隔离、读写隔离等隔离手段。

集群隔离是进程隔离的升级版，将某些服务单独部署成集群，或对于某些服务可以进行分组集群管理，某一个集群出现问题后，不会影响其他集群，从而实现故障隔离。

读写隔离也是一种常见的隔离技术，当用于读取操作的服务器出现故障时，写服务器照常可以运作，反之也是一样的。

2.15   集群容错

在分布式服务架构中，随着业务复杂度的增加，依赖的服务也逐步增加，集群中的服务调用失败后，服务框架需要能够在底层自动容错。引发服务调用失败的原因有很多：

（1）服务与依赖的服务之间链路有问题，例如网络中断。

（2）依赖服务超时。例如，依赖服务业务处理速度慢、依赖服务长时间的Full GC等。

（3）系统遭受恶意爬虫袭击。

设计服务容错的基本原则是Design for Failure。在设计上需要考虑到各种边界场景和对于服务间调用出现的异常或延迟情况，同时在设计和编程时要考虑周到。这一切都是为了达到以下目标：

（1）依赖服务的故障不会严重破坏用户的体验。

（2）系统能自动或半自动处理故障，具备自我恢复能力。

服务容错策略有很多，不同的业务场景有不同的容错策略。下面简单介绍几种工作中常用的容错策略：失败转移（Failover）、失败自动恢复（Failback）、失败安全策略（Failsafe）和快速失败（Failfast）。

2.15.1   失败转移

失败转移是最常见、最实用的集群容错策略。它又叫失效转移策略，当发生服务调用异常时，可以重新在集群中查找下一个可用的服务实例，如图2-69所示。同时，为了防止无限重试，开发人员通常会对失败重试最大次数进行限制，一般控制在3次之内。

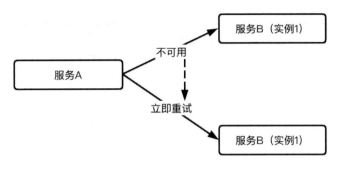

图 2-69　失败转移策略

　　这种策略要求服务调用的操作必须是幂等的，也就是说无论调用多少次，只要是同一个调用，返回的结果都是相同的，一般适合服务调用是读请求的场景。

2.15.2　失败自动恢复

　　失败自动恢复也可以理解为失效自动恢复。服务消费者调用服务提供者失败时，通过对失败错误码等异常信息进行判断决定后续的执行策略。对于失败自动恢复模式，如果服务提供者调用失败，不会立即重试其他服务，而是服务消费者捕获异常后进行后续的处理，或者通过一定的定时机制进行重试，如图2-70所示。这种策略适用于对时效性要求不高的场景，例如消息通知。

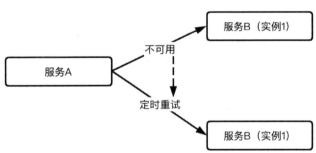

图 2-70　失败自动恢复策略

2.15.3　失败安全策略

　　对于失败安全策略，当获取服务调用异常时，直接忽略。它通常将异常写入审计日志等媒介，确保后续可以根据日志记录找到引起异常的原因并解决，如图2-71所示。

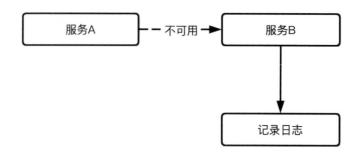

图 2-71　失败安全策略

2.15.4　快速失败

对于快速失败策略，在获取服务调用异常时，立即报错。显然快速失败策略是尽快让服务报错并抛出异常，坚决避免重试。快速失败策略可以用于非幂等性的写入操作，这是一种常见的应用场景。在特定场景中，也可以使用该策略确保非核心业务服务只调用一次，为重要的核心服务节约宝贵的时间。如图2-72所示。

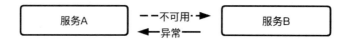

图 2-72　快速失败策略

上述4种策略表示对失败的4种态度：当出现调用失败时，失败转移策略会立即挣扎、立即重试；失败自动恢复策略不会立即挣扎，而是缓缓，后续定时重试一下；失败安全策略索性都不挣扎了，只简单记录异常信息；快速失败策略则是什么都不干。不同的策略有不同的适用场景，有些业务场景就是不能重试，有些业务场景必须重试，而有些业务场景不着急重试。

除了以上常见的集群容错策略之外，还有其他一些特殊的策略。比如：

- Forking 策略：代表一种分支调用机制，在这种机制下，请求会同时发送给集群中的多个服务实例，只要有一个服务实例响应成功就行。
- Broadcast 策略：代表一种广播机制，这种机制同样也会调用所有服务实例，但只在所有调用都成功的情况下才会返回成功。

从适用场景上讲，Forking策略适用于实时性要求较高的场景，而Broadcast策略通常用于实现消息通知，而不是简单的远程调用。

2.16　集群部署

在项目开发迭代过程中，开发人员经常要上线部署服务。目前用于部署的技术很多，有的简单，有的复杂，有的得停机，有的不需要停机即可完成部署。本节的目的就是对目前常用的部署方案做一个总结。目前微服务常用的部署方式有停机部署、蓝绿部署、滚动发布、灰度发布/金丝雀布署。

2.16.1　停机部署

停机部署就是将老版本的服务停掉，用新版本的服务升级部署，常常用于老版本和新版本完全不兼容的情况。停机部署对用户的影响非常大，一般都要事前挂公告告知用户，或者在用户访问少的时间段进行停机部署。

2.16.2　蓝绿部署

蓝绿部署（Blue/Green Deployment）是在不停老版本的前提下部署新版本，然后进行测试。确认新版本没问题后，将流量切到新版本，然后老版本也升级到新版本。在整个部署过程中，用户感受不到任何宕机或者服务重启。蓝绿部署是一种常见的0 downtime（即零停机）部署方式，是一种以可预测的方式发布应用的技术，目的是减少发布过程中服务停止的时间。蓝绿部署的原理很简单，就是通过冗余来解决问题。通常生产环境需要两组配置（蓝绿配置）：一组是active的生产环境配置（绿配置），另一组是inactive的配置（蓝配置）。用户访问的时候，只会让用户访问active的服务器集群。在绿色环境（active）下运行当前生产环境中的应用，也就是旧版本应用Version 1。当你想要升级到Version 2时，在蓝色环境（inactive）下进行操作，即部署新版本应用并进行测试。如果测试没问题，就可以把负载均衡器／反向代理／路由指向蓝色环境。随后需要监测新版本应用，也就是Version 2是否有故障和异常。如果运行良好，就可以删除Version 1使用的资源。如果运行出现了问题，就可以通过负载均衡器指向快速回滚到绿色环境。蓝绿部署具体原理如图2-73所示。

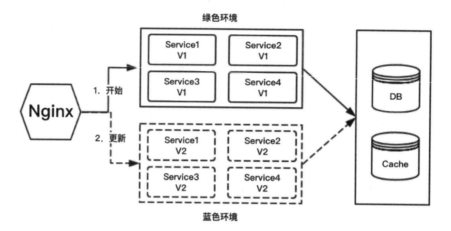

图 2-73   蓝绿部署简单原理图

蓝绿部署流程如下：

（1）开始状态：Service1、Service2、Service3、Service4集群服务一开始的版本为V1，部署在绿色环境。

（2）服务版本2开发了新功能，修复了部分Bug。

（3）在蓝色环境部署Service1、Service2、Service3、Service4集群服务，测试通过。

（4）通过Nginx将全部流量切到蓝色环境。

（5）删除绿色环境的4个实例：Service1、Service2、Service3、Service4。

（6）冗余产生的额外维护、配置的成本以及服务器本身运行的开销。

从图2-73以及蓝绿部署的流程可以看出，在部署的过程中应用始终在线，并且新版本上线的过程中，并没有修改老版本的任何内容。在部署期间，老版本的状态不受影响，这样风险很低，并且只要老版本的资源不被删除，理论上可以在任何时间回滚到老版本。

理论上听起来很棒，还是要注意一些细节：

（1）切换到蓝色环境时，需要妥当处理未完成的业务和新的业务。

（2）蓝绿部署需要有基础设施支持。

（3）蓝绿部署比较费资源，需要双倍的资源（不过容器化平台部署完成就可以释放资源）。

2.16.3　滚动发布

滚动发布（Rolling Update）一般是停止一个或者多个服务器执行更新，并重新将其投入使用。周而复始，直到集群中所有的实例都更新成新版本。具体部署步骤如下：

步骤 01 开始状态：Service1、Service2、Service3 集群服务一开始的版本为 V1，具体如图 2-74 所示。

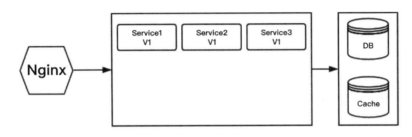

图 2-74　初始部署状态

步骤 02 服务版本 2 开发了新功能，修复了部分 Bug，先启动新版本服务 Service1 V2，待服务 Service1 V2 启动完成后，再停止老版本服务 Service1 V1，具体如图 2-75 所示。

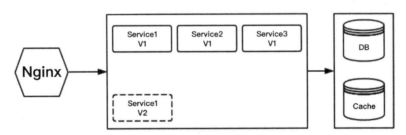

图 2-75　Service1 V2 开始部署

步骤 03 先启动服务 Service2 V2，待服务 Service2 V2 启动完成后，再停止老版本服务 Service2 V1，具体如图 2-76 所示。

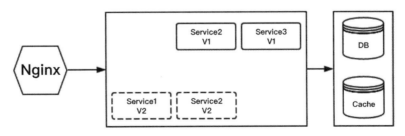

图 2-76　Service2 V2 开始部署

步骤 04 启动服务 Service3 V2，待服务 Service3 V2 启动完成后，再停止老版本服务 Service3 V1，具体如图 2-77 所示。

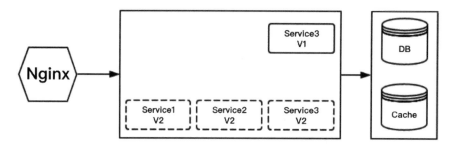

图 2-77   Service3 V2 开始部署

步骤 05 不断地启动一个新版本服务，停止一个老版本服务，再启动一个新版本服务，再停止一个老版本服务，直到升级完成，具体如图 2-78 所示。

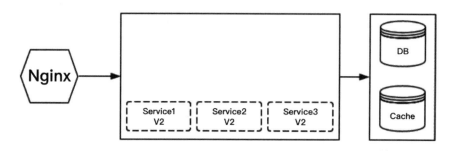

图 2-78   滚动发布完成

滚动发布相对于蓝绿部署更加节约资源，因为它不需要运行两个集群、两倍的实例数。我们可以部分部署，例如每次只取出集群的20%进行升级发布。当然，滚动发布也有很多缺点，例如：

（1）没有一个确定可行的环境。使用蓝绿部署，我们能够清晰地知道老版本是可行的，而使用滚动发布无法确定。

（2）修改了现有的环境。

（3）回滚困难。例如，在某一次发布中需要更新100个实例，每次更新10个实例，每次部署需要5分钟。当滚动发布到第80个实例时，发现了问题，需要回滚。此时，脾气不好的程序员很可能想掀桌子，因为回滚是一个痛苦且漫长的过程。

（4）有的时候，我们还可能对系统进行动态伸缩，如果部署期间系统自动扩容/缩容了，我们还需要判断到底哪个节点使用的哪个代码。尽管有一些自动化的运维工具，但是依然令人心惊胆颤。并不是说滚动发布不好，滚动发布也有它非常适合的场景。

2.16.4　灰度发布/金丝雀部署

灰度发布也叫金丝雀发布/灰度方量，起源是：矿井工人发现，金丝雀对瓦斯气体很敏感，矿工会在下井之前，会先放一只金丝雀到井中，如果金丝雀不叫了，就代表瓦斯浓度高。灰度发布原理如图2-79所示。

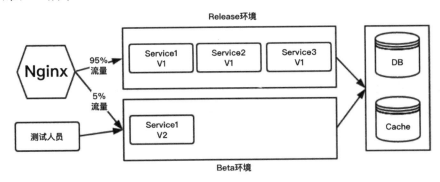

图 2-79　灰度发布简单原理

在灰度发布开始后，先启动一个新版本应用，但是并不直接将流量切换过来，而是让测试人员对新版本进行线上测试，启动的这个新版本应用就是我们的金丝雀。如果没有问题，那么可以将少量的用户流量导入新版本上，然后观察新版本的运行状态，收集各种运行时数据，如果此时对新旧版本的各种数据进行对比，就是所谓的A/B测试。当确认新版本运行良好后，再逐步将更多的流量导入新版本上。在此期间，还可以不断地调整新旧两个版本运行的服务器副本数量，以使新版本能够承受越来越大的流量压力，直到将100%的流量都切换到新版本上，最后关闭剩下的老版本服务，完成灰度发布。如果在灰度发布过程中（灰度期）发现新版本有问题，就应该立即将流量切回老版本上，这样会将负面影响控制在最小范围内。

 A/B测试和蓝绿部署、灰度发布是完全不一样的。A/B测试是同时上线两个版本，然后进行相关的比较。它用来测试应用功能，例如可用性、受欢迎程度、可见性等。蓝绿部署是为了不停机，灰度发布是对新版本的质量没信心。而A/B测试是对新版本的功能没信心。蓝绿部署和灰度发布注重质量，A/B测试注重功能。

灰度发布的实现思路有很多，例如通过代码实现或者通过接入层实现。

（1）通过代码实现灰度发布：在代码中实现开关功能，不同的用户执行不同的逻辑。

（2）通过接入层实现灰度发布：接入层针对不同的用户转发到不同的服务或者环境中。

代码实现与接入层实现对比如表2-3所示。

表2-3　代码实现与接入层实现对比

方　案	优　点	缺　点
代码实现	灵活，粒度细	代码侵入高
接入层实现	无须侵入代码	运维成本高

灰度必须要有灰度策略，灰度策略常见的方式有以下几种：

- 基于请求头参数进行流量切分：例如根据请求头的Cookie信息进行流量切分。
- 基于请求参数进行流量切分：例如根据请求中携带的用户uid进行流量切分，假如灰度的范围是1%，那么uid取模的范围就是100，模是0访问新版服务，模是1~99访问老版服务。

接入层实现灰度发布，简单架构如图2-80所示。

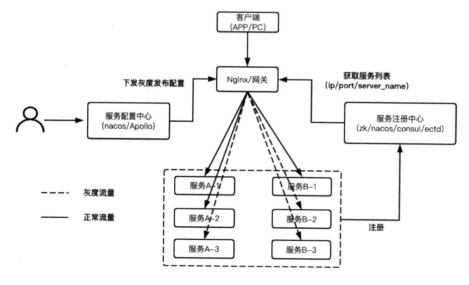

图2-80　灰度发布简单架构

上述架构中，存在以下几个必要组件：

- 配置服务中心：策略的配置平台用来存放灰度策略，并将灰度策略下发给执行程序，可以使用配置中心进行存储。

- Nginx/网关：灰度功能的执行程序。
- 服务注册中心：服务会注册到注册中心，包括服务的IP、端口、服务名称等信息。

Nginx或者网关层是如何实现灰度发布的呢？

1. Nginx灰度方案

因为Nginx本身并不能够执行灰度策略，可以通过Lua扩展Nginx实现灰度策略的配置和转发。通过Lua扩展执行了灰度策略，但Nginx本身并不具备接收配置管理平台的灰度策略，可以在本地开发和部署Agent，用于接收服务配置管理平台下发的灰度策略，更新Nginx配置，优雅重启Nginx服务。

在基于Nginx实现的灰度系统中，分流逻辑往往通过rewrite阶段的if和rewrite等指令实现，优点是性能较高，缺点是功能受限、容易出错，以及转发规则固定，只能静态分流。因此，可以采用开源的灰度发布系统，例如ABTestingGateway。ABTestingGateway是一个可以动态设置分流策略的灰度发布系统，如图2-81所示，工作在OSI模型的第七层，基于Nginx和ngx-lua开发，使用Redis作为分流策略数据库，可以实现动态调度功能。

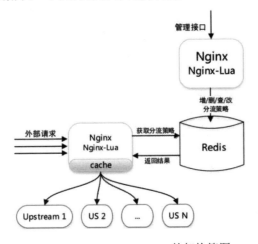

图 2-81　ABTestingGateway 的架构简图

ABTestingGateway在Nginx转发的框架内，在转向Upstream前，根据用户请求特征和系统的分流策略查找出目标Upstream，进而实现分流。

2. 网关层灰度方案

只需要集成配置管理平台客户端SDK，接收服务配置管理平台下发的灰度策略，通过具体的灰度策略实现灰度发布。

2.16.5　无损发布

所谓无损发布,就是应用在进行升级发布的时候,不会影响正在使用系统的用户,比如用户正在进行资料更新,如果此时进行升级并重启系统,就会导致用户的资料更新失败。因为很多公司没办法做到无损发布,所以一般选择晚上进行。

那么,如何做到升级又不影响用户的使用呢?这就是接下来我们要讨论的问题。

无损发布需要解决以下两个链路的无损:

(1)应用升级期间,Nginx到应用层之间请求无损。

(2)应用升级期间,服务RPC相互调用请求无损。

第一种情况,Nginx到应用层之间请求无损,如图2-82所示。

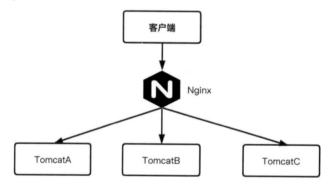

图 2-82　Nginx 到应用层之间请求无损

TomcatA、TomcatB、TomcatC是同一个应用部署的三个节点,无损发布的具体步骤如下:

- 步骤01　首先 Nginx 动态修改 Upstream,请求不再路由到 TomcatA。
- 步骤02　等待 TomcatA 上面的请求处理完毕。
- 步骤03　对 TomcatA 进行升级。
- 步骤04　检查 TomcatA 是否升级成功。
- 步骤05　再修改 Nginx 的 Upstream,把请求路由到 TomcatA。
- 步骤06　循环上面的步骤,直到所有的 Tomcat 都升级完毕。

第二种情况,服务RPC相互调用请求无损,如图2-83所示。

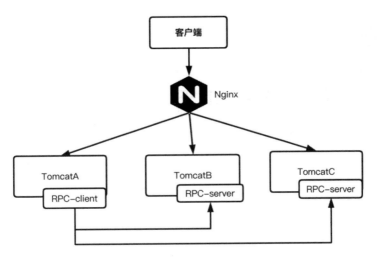

图 2-83　服务 RPC 相互调用请求无损

　　TomcatA是消费者，TomcatB和TomcatC是同一个应用部署的两个节点，属于生产者，无损发布的具体步骤如下：

步骤01　假如 TomcatB 准备升级，TomcatB 通过 TCP 长连接将切流量的指令通知 TomcatA。

步骤02　TomcatA 不再将新流量放给 TomcatB。

步骤03　TomcatB 将旧流量逐步处理完成，并完成升级。

步骤04　TomcatA 会间歇性尝试重连，直到 TomcatB 恢复。

步骤05　流量切回 TomcatB，TomcatB 升级成功，循环上面的步骤，直到 TomcatB 和 TomcatC 都升级完毕。

第 3 章

数据库高可用

 本章主要介绍数据库高可用，包括MySQL的基础知识、MySQL的集群模式、MySQL高可用架构MMM、基于MHA实现MySQL自动故障转移、MySQL Cluster架构、MySQL＋DRDB＋Heartbeat架构、云数据库高可用架构、MySQL一主多从数据同步案例等内容。

3.1 数据库高可用概述

3.1.1 数据库高可用的重要性

对于一家企业来说，数据就是生命。数据依托于数据库进行存储，保障数据库高可用就显得特别重要。目前主流的数据库简单分为关系型数据库和非关系性数据库。关系型数据库包括MySQL、Oracle、PostgreSQL、SQL Server等，非关系型数据库包括Redis、HBase、MongoDB等。

保证数据库高可用、高性能的常用措施有读写分离（主从模式）、分库分表、数据库优化等，接下来会重点讲解这些知识点。

3.1.2　MySQL XA 协议

　　了解MySQL XA协议之前，需要先学习XA规范。要学习XA规范就不得不讲解DTP（Distributed Transaction Processing，分布式事务）模型，因为XA规范约定的是DTP模型中两个模块（事务管理器和资源管理器）的通信方式，如图3-1所示。

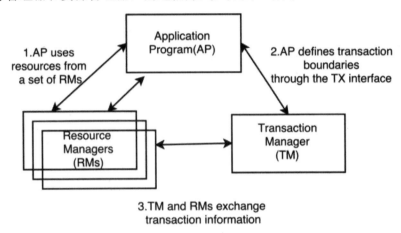

图 3-1　DTP 模型

图3-1是根据The Open Group 关于分布式事务的处理规范，定义了3种组件：

- 应用程序（Application Program，AP）。
- 资源管理器（Resource Manager，RM）：事务的参与者，通常是数据库，比如MySQL Server。一个分布式事务通常涉及多个资源管理器。
- 事务管理器（Transaction Manager，TM）：用于创建分布式事务并协调分布式事务中的各个子事务的执行和状态。子事务是指分布式事务中在资源管理器上执行的具体操作。

　　两阶段提交（Two-Phase Commit，2PC）是为了使基于分布式系统架构的所有节点在进行事务提交时保持一致性而设计的一种算法，如图3-2所示。分布式事务通常采用两阶段提交。两阶段提交的算法思路可以概括为参与者将操作成败通知协调者，再由协调者根据所有参与者的反馈情报决定各参与者是要提交操作还是中止操作，这里的参与者可以理解为资源管理器，协调者可以理解为事务管理器。

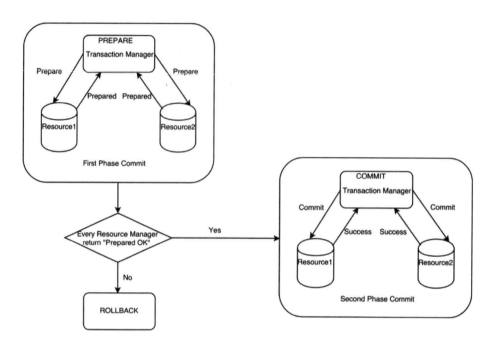

图 3-2   两阶段提交过程

在第一阶段，事务管理器会发送Prepare到所有参与分布式事务的资源管理器询问是否可以提交操作，参与分布式事务的所有资源管理器接收到请求后，实现自身事务提交前的准备工作并返回结果。在第二阶段，根据资源管理器返回的结果，如果涉及分布式事务的所有资源管理器都返回可以提交，则事务管理器给资源管理器发送commit命令，每个资源管理器实现自己的提交，同时释放锁和资源，然后资源管理器反馈提交成功，事务管理器完成整个分布式事务；如果任何一个资源管理器返回不能提交，则涉及分布式事务的所有资源管理器都被告知需要回滚。MySQL XA 也是基于这个规范实现的，接下来我们介绍一下MySQL XA。

MySQL XA 是基于The Open Group 的Distributed Transaction Processing：The XA Specification标准实现的，支持分布式事务，允许多个数据库实例参与一个全局的事务。MySQL XA从MySQL 5.0 开始引入，仅InnoDB存储引擎支持MySQL XA事务。

MySQL XA的命令集合如下：

```
### 开启一个事务，并将事务置于ACTIVE状态，此后执行的SQL语句都将置于该事务中
XA START xid
### 将事务置于IDLE状态，表示事务内的SQL操作完成
XA END xid
### 两阶段提交的准备阶段，实现事务提交的准备工作，事务置于PREPARED状态。事务如果无法完
成提交前的准备操作，则该语句会执行失败
```

```
XA PREPARE xid
### 两阶段提交的提交阶段，事务最终提交，完成持久化
XA COMMIT xid
### 事务回滚终止
XA ROLLBACK xid
### 查看MySQL中存在的PREPARED状态的大事务
XA RECOVER
```

XA事务的状态按照如下步骤进行展开：

（1）使用XA START启动一个XA事务，并把它置为ACTIVE状态。

（2）对于一个ACTIVE状态的XA事务，我们可以执行构成事务的SQL语句，然后发布一个XA END语句。XA END使事务进入IDLE状态。

（3）对于一个IDLE状态的XA事务，可以执行XA PREPARE语句或XA COMMIT...ONE PHASE语句：

- XA PREPARE语句把事务置为PREPARED状态。在此点上的XA RECOVER语句将在其输出中包括事务的xid值，因为XA RECOVER会列出处于PREPARED状态的所有XA事务。
- XA COMMIT...ONE PHASE（优化成一阶段提交）用于预备和提交事务。xid值将不会被XA RECOVER列出，因为事务终止。

（4）对于一个PREPARED状态的XA事务，执行XA COMMIT语句来提交和终止事务，或者执行XA ROLLBACK语句来回滚并终止事务。

> **注意**　同一个客户端的数据库连接，XA事务和非XA事务（即本地事务）是互斥的。例如，已经执行了XA START命令来开启一个XA事务，则本地事务不会被启动，直到XA事务已经被提交或被回滚为止。相反，如果已经使用START TRANSACTION命令启动一个本地事务，则XA语句不能被使用，直到该事务被提交或被回滚为止。

接下来看一个实例，以加深对XA协议的理解：

```
package hello.jdk.java;
import com.mysql.jdbc.jdbc2.optional.MysqlXAConnection;
import com.mysql.jdbc.jdbc2.optional.MysqlXid;
import javax.sql.XAConnection;
import javax.transaction.xa.XAException;
import javax.transaction.xa.XAResource;
```

```java
import javax.transaction.xa.Xid;
import java.sql.Connection;
import java.sql.DriverManager;
import java.sql.PreparedStatement;
import java.sql.SQLException;

/***
 * @Description mysql分布式事务XAConnection模拟
 * @author ay
 * @date 2022/02/05
 */
public class MysqlXaConnectionTest {

    public static void main(String[] args) throws SQLException {
        //true表示打印XA语句, 用于调试
        boolean logXaCommands = true;
        //获得资源管理器操作接口实例 RM1
        Connection conn1 = DriverManager.getConnection("jdbc:mysql:
            //localhost:3306/test", "root", "12345");
        XAConnection xaConn1 = new MysqlXAConnection((com.mysql.jdbc.
            Connection)conn1, logXaCommands);
        XAResource rm1 = xaConn1.getXAResource();

        //获得资源管理器操作接口实例 RM2
        Connection conn2 = DriverManager.getConnection("jdbc:mysql:
            //localhost:3306/test2", "root", "12345");
        XAConnection xaConn2 = new MysqlXAConnection((com.mysql.jdbc.
            Connection)conn2, logXaCommands);
        XAResource rm2 = xaConn2.getXAResource();
        //AP请求TM执行一个分布式事务, TM生成全局事务id
        byte[] gtrid = "g12345".getBytes();
        int formatId = 1;
        try {
            //==============分别执行RM1和RM2上的事务分支==================
            //TM生成rm1上的事务分支id
            byte[] bqual1 = "b00001".getBytes();
            Xid xid1 = new MysqlXid(gtrid, bqual1, formatId);
            //执行rm1上的事务分支 One of TMNOFLAGS, TMJOIN, or TMRESUME
            rm1.start(xid1, XAResource.TMNOFLAGS);
            //业务1: 插入user表
            PreparedStatement ps1 = conn1.prepareStatement("INSERT into user
```

```
                    VALUES ('99', 'user99')");
            ps1.execute();
            rm1.end(xid1, XAResource.TMSUCCESS);

            //TM生成rm2上的事务分支id
            byte[] bqual2 = "b00002".getBytes();
            Xid xid2 = new MysqlXid(gtrid, bqual2, formatId);
            //执行rm2上的事务分支
            rm2.start(xid2, XAResource.TMNOFLAGS);
            //业务2：插入user_msg表
            PreparedStatement ps2 = conn2.prepareStatement("INSERT into
                user_msg VALUES ('88', '99', 'user99的备注')");
            ps2.execute();
            rm2.end(xid2, XAResource.TMSUCCESS);

            //==================两阶段提交===============================
            //phase1：询问所有的RM准备提交事务分支
            int rm1Prepare = rm1.prepare(xid1);
            int rm2Prepare = rm2.prepare(xid2);
            //phase2：提交所有事务分支
            boolean onePhase = false;
            //TM判断有两个事务分支，所以不能优化为一阶段提交
            if (rm1Prepare == XAResource.XA_OK
                && rm2Prepare == XAResource.XA_OK
                ) {
                //所有事务分支都prepare成功，提交所有事务分支
                rm1.commit(xid1, onePhase);
                rm2.commit(xid2, onePhase);
            } else {
                //如果有事务分支没有成功，则回滚
                rm1.rollback(xid1);
                rm1.rollback(xid2);
            }
    } catch (XAException e) {
        //如果出现异常，也要进行回滚
        e.printStackTrace();
    }
    }
}
```

3.2　双 节 点

3.2.1　主从模式实现读写分离

任何东西都有不可用的时候，数据库也不例外，如图3-3所示是单实例数据库异常情况。

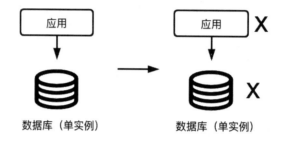

图 3-3　单实例数据库异常情况

数据库由于某种原因宕机时，将直接导致应用不可用。既然单实例数据库无法保障高可用，我们索性再部署一个数据库从节点（Slave），数据库主要提供读和写的能力，主节点承担写请求，从节点承担读请求，如图3-4所示。

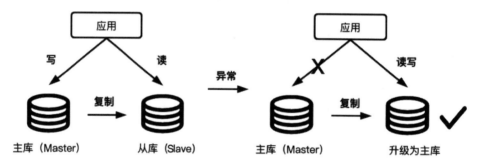

图 3-4　主从模式（读写分离）

主从模式就跟兄弟一起打仗一样，某一天，大哥意外战死，二哥扛起大哥的枪继续冲锋。同时，主节点将数据同步复制给从节点，保证主从数据一致。

这里需要重点区分主从和主备的关系，我们用一个具体例子来阐述。

刚刚我们提到，主从模式就跟兄弟一起出去打仗一样，大哥战死，二哥扛下所有继续战斗。那么主备模式呢？主备模式就相当于大哥在前线冲锋作战，而二哥在家里躺平（和大哥保持联络），具体如图3-5所示。

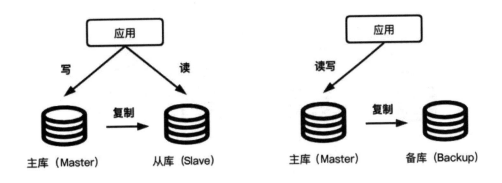

图 3-5　主从模式与主备模式的区别

从图3-5可以很明显地看出，在主从模式下，从机需要提供读数据的功能，而在主备模式下，备机一般仅提供备份功能，不提供读访问功能。

主从模式除了一主一从外，还可以一主n从，如图3-6所示为一主二从模式。

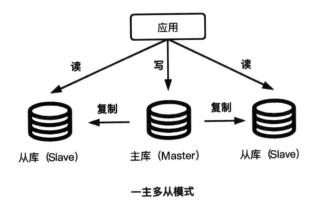

图 3-6　一主二从模式

一般情况下，对于写少读多的业务推荐使用主从复制的存储架构，比如博客网站、论坛等。如果业务对性能要求不高，只要保障数据不丢，推荐使用主备模式，例如企业内部应用等。

细心的读者会发现，在一主多从的情况下，比如一主二从模式，如果某个从库宕机，另外一个从库仍然可以提供读能力，即从库可以做到高可用。但是，如果主库宕机，而我们的应用又无法自动将写请求路由到从库，从库也无法智能地将自己变为主库，此时应用一样会出现问题。因此，除了保证从库高可用外，还需要保证主库高可用，具体如图3-7所示。

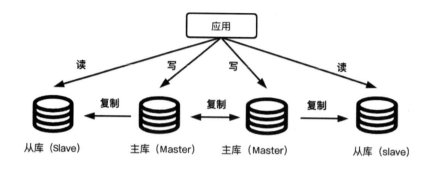

图 3-7　多主多从模式

多主多从模式可以保证主库高可用，但天上不会掉馅饼，多主多从模式数据同步配置更加复杂，而且容易导致主键ID冲突。数据同步在后续章节会深入讲解。

3.2.2　读写分离实现方案

前面我们提到过，MySQL可以使用主从模式实现读写分离来保障数据库的高可用和高并发。但是具体如何实施呢？

实现MySQL的读写分离需要做两件事：

（1）部署一主多从多个MySQL实例，并让它们之间保持数据实时同步。

（2）分离应用程序对数据库的读写请求，分别发送给从库和主库。

可以通过3种方式实现：手工方式、组件方式和中间代理层方式。

1. 手工方式

修改应用程序的代码，定义读写两个数据源，指定每一个数据库请求的数据源。

手工方式的优点是实现简单，而且可以根据业务做较多定制化的功能。

手工方式缺点是对应用侵入比较大，每个编程语言都需要自己实现一次，无法通用，如果一个业务包含多个编程语言写的多个子系统，则重复开发的工作量比较大。除非编程语言没有合适的读写分离组件，否则不建议自己手工实现。

2. 组件方式

可以使用Sharding-JDBC等第三方组件，这些组件集成在用户的应用程序内，代理应用程序的所有数据库请求，自动把请求路由到对应的数据库实例上，如图3-8所示。

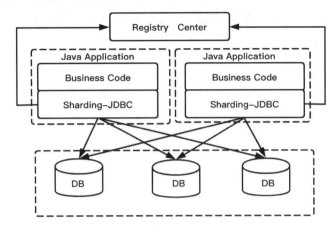

图 3-8　Sharding-JDBC 实现读写分离

3. 中间代理层方式

在应用程序和数据库实例之间部署一组数据库代理实例，对应用程序来说，数据库代理把自己伪装成一个单节点的MySQL实例，应用程序的所有数据库请求被发送给代理，代理分离读写请求，然后转发给对应的数据库实例，典型的有Atlas、MaxScale、MySQL Router等。

Atlas是由Qihoo 360 Web平台部基础架构团队开发维护的一个基于MySQL协议的数据中间层项目。它对mysql-proxy 0.8.2版本进行了优化，增加了一些新的功能特性。360内部使用Atlas运行MySQL业务，每天承载的读写请求数达几十亿条。

Atlas中间代理层方案如图3-9所示。

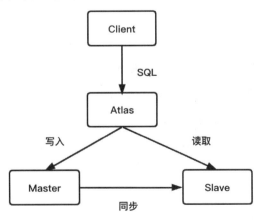

图 3-9　Atlas 中间代理层方案

MySQL Router最早是作为MySQL-Proxy的替代方案出现的。作为一个轻量级中间件，MySQL Router可在应用程序和后端MySQL服务器之间提供透明路由和负载均衡，从而有效提高MySQL数据库服务的高可用性与可伸缩性。

MySQL Router中间代理层方案如图3-10所示。

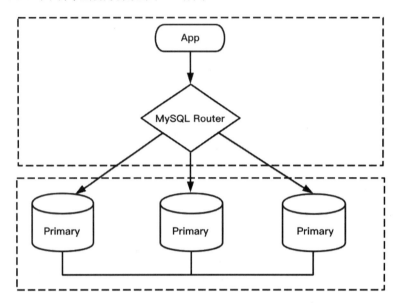

图 3-10   MySQL Router 中间代理层方案

3.2.3 SQL 语句执行过程

从3.2.2节内容我们清楚知道，可以使用主从模式或者主备模式来实现读写分离、读写库冗余备份，最终实现数据库的高可用/高性能。但是，任何事物都有两面性，实现高可用的同时又给我们引入了新的问题：主从数据库如何同步？同步过程中会不会出现主从库数据不一致？应用程序如何控制把写请求路由到主库，读请求路由到从库？这一系列问题会源源不断地浮现出来。读者不要着急，我们一一击破即可。

首先，数据库之间的同步主要有3种方式：同步复制、异步复制、半同步复制。要讲解数据库如何进行数据同步，需要先了解MySQL的基础知识，MySQL架构如图3-11所示。

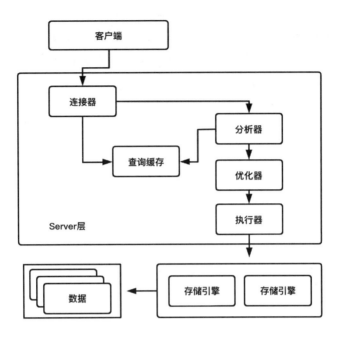

图 3-11　MySQL 数据库架构图

由图 3-11 的架构图可知，MySQL 主要包括连接器（Connections）、查询缓存（Cache&Buffers）、分析器（Parser）、优化器（Optimizer）、执行器以及存储引擎（Storage Engines）等部分，其他部分读者有兴趣可以自己了解。

- 连接器：一个 SQL 要跑到 MySQL 中执行，MySQL 肯定要对其进行身份认证。就好像你去别人家里做客，主人要对你进行身份认证，主人是不会让陌生人进去的。所以 MySQL 连接器主要负责用户登录数据库，进行用户的身份认证，包括校验账户和密码、权限等操作。如果用户的账户和密码已通过，连接器会到权限表中查询该用户的所有权限，之后在这个连接中的权限逻辑判断都会依赖此时读取到的权限数据，也就是说，后续只要这个连接不断开，即使管理员修改了该用户的权限，该用户也不受影响。
- 查询缓存：连接建立后，执行查询语句的时候，会先查询缓存，MySQL 会先校验 SQL 语句是否执行过，以 Key-Value 的形式缓存在内存中，Key 是查询语句，Value 是结果集。如果缓存 Key 被命中，就会直接返回给客户端，如果没有命中，就会执行后续的操作，完成后也会把结果缓存起来，方便下一次调用。当然，在真正执行缓存查询的时候，还是会校验用户的权限是否有该表的查询条件。

MySQL 8.0版本删除了缓存的功能，主要原因是查询缓存的失效非常频繁，只要对一个表进行了更新，表上所有的查询缓存都会被清空。所以，对于更新压力大的数据库来说，查询缓存的命中率会非常低。当然，如果业务表是静态表，例如配置表，很长时间才会更新一次，这张表上的查询才适合使用查询缓存。

我们可以根据需要配置query_cache_type参数来决定是否开启查询缓存：

```
query_cache_type = 0 / OFF：表示禁用查询缓存
query_cache_type =1 / ON：开启查询缓存
query_cache_type = 2 / DEMAND：只有使用SELECT SQL_CACHE查询时才使用查询缓存
```

例如，select SQL_CACHE * from sys_user where id=1表示使用查询缓存。

- 分析器：如果MySQL没有命中查询缓存，就会进入分析器，分析器主要用来分析SQL语句的作用，分析器也会分为几步：

第一步：词法分析，一条SQL语句由多个字符串组成，首先要提取关键字，比如使用select提取出要查询的表、字段名、查询条件等。做完这些操作后，就会进入第二步。

第二步：语法分析，主要就是判断用户输入的SQL语句是否正确，是否符合MySQL的语法。

- 优化器：如果执行的SQL语句不是最优的，MySQL会使用它认为的最优执行方案去执行，比如多个索引的时候该如何选择索引，多表查询的时候如何选择关联顺序，等等。
- 执行器：选择执行方案后，MySQL就准备开始执行了，执行前会校验该用户是否有权限，如果没有权限，就会返回错误信息；如果有权限，就会调用引擎的接口，返回接口执行的结果。
- 存储引擎：现在最常用的存储引擎是 InnoDB，存储引擎负责数据的存储和提取，其架构模式是插件式的，支持InnoDB、MyISAM、Memory等多个存储引擎。

3.2.4　MySQL 日志模块

除了了解SQL语句在MySQL中如何执行外，还有一块重要内容是需要掌握的，那就是MySQL日志模块，包括二进制日志（Binlog）、中继日志（Relay Log）、回滚日志（Undo Log）和重做日志（Redo Log）等。彻底掌握这些日志是做什么的，相互之间有什么关联，对我们设计高可用架构的数据库大有益处。

1. 回滚日志

回滚日志的作用是进行事务回滚。回滚日志主要是为了实现事务的原子性，在操作数据之前，先将数据备份到回滚日志，然后进行数据修改。如果出现错误或者用户执行ROLLBACK语句，系统可以利用回滚日志中的备份将数据恢复到事务开始之前的状态。除了提供回滚功能外，回滚日志未还可以实现多版本控制（Multi-Version Concurrency Control，MVCC）。

2. 二进制日志

二进制日志文件记录了MySQL所有的DML操作。通过二进制日志可以进行数据恢复、增量备份、主主复制和主从复制等。

二进制日志有3种格式：statement、row以及mixed，其中mixed是前两种格式的混合。当binlog_format=statement时，二进制日志里面记录的是SQL语句的原文；当binlog_format=row时，不记录SQL语句上下文相关信息，仅保存哪条记录被修改。

因为有些statement格式的二进制日志可能会导致主备不一致，所以要使用row格式。但row格式的缺点是很占空间。所以MySQL就取了个折中方案，即使用mixed格式的二进制日志。mixed格式的意思是，MySQL自己会判断这条SQL语句是否可能引起主备不一致，如果有可能，就使用row格式，否则使用statement格式。

3. 重做日志

当有记录需要更新的时候，InnoDB引擎会把记录写到重做日志中，并更新内存，此时的更新操作就算完成。同时，InnoDB 引擎会在适当的时候将这个操作记录更新到磁盘中，这个更新往往是在系统比较空闲的时候做。因为如果每一次的SQL更新操作都需要写进磁盘，然后磁盘也要找到对应的那条记录再更新，那么整个过程的IO成本、查找成本都很高。

4. 中继日志

一般情况下，中继日志在MySQL主从同步读写分离集群的从节点才开启。主节点一般不需要这个日志。

主节点的二进制日志传到从节点后，被写到中继日志中，从节点的SQL线程从中继日志中读取日志应用到从节点本地，从而使从库和主库的数据保持一致。

3.2.5　主从数据同步

主从数据同步简单来讲就是一种数据复制技术，比如现在有主库和从库，主库上有50MB数据，数据同步就是将主库上的50MB数据复制到从库上，以使得主库和从库存储相同的数据。当主库出现故障后，可以通过获取从库上的数据进行服务，避免数据丢失，保证系统的可用性和可靠性。

但是从库代替主库是有条件的，那就是主从节点的数据需要保证一致性，只有保证主从节点数据的一致性，才可以实现主从替换。

主从同步非常重要，可以解决MySQL高可用、高性能以及高并发等问题，主从数据同步的流程如图3-12所示。

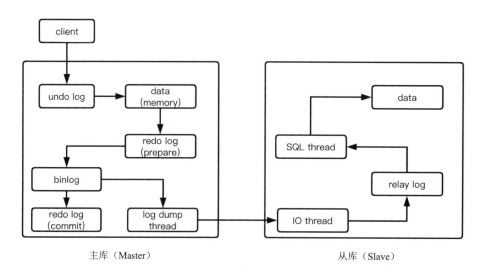

图 3-12　主从数据同步的流程（默认异步复制）

（1）主库完成写操作后，可直接给用户回复执行成功，将写操作写入二进制日志中，二进制日志记录主库执行的所有更新操作，以便从库获取更新信息。

（2）主库和从库之间会维持一个长连接。

（3）从库通过change master命令设置主库的IP、端口、用户名、密码，以及要从哪个位置开始请求二进制日志，位置包含文件名和日志偏移量。

（4）主库按照从库传过来的位置从本地读取二进制日志，通过log dump thread线程将二进制日志发送给从库。

（5）从库启动时（即执行start slave命令）会启动两个线程：IO线程和SQL线程，其中IO线程主要负责与主库建立连接，SQL线程主要负责读取中继日志，解析出日志里面的命令并执行。从库拿到二进制日志后，写到本地文件中，该文件称为中继日志。

读者需要特别注意顺序问题。顺序不同，即使同样的操作也会有很大的差异。例如：

顺序一：先复制二进制日志，等二进制日志全部复制到从节点后，主节点再提交事务。这种情况下，主节点和从节点是保持同步的，主节点出现宕机也不会丢失数据。这种复制方式称为同步复制。

顺序二：先提交事务，再复制二进制日志到从节点。这种情况下，提交事务和复制这两个流程在不同的线程中执行，互相不会等待，性能会比较好，但是存在丢失数据的风险。这种复制方式称为异步复制。

> **注意** MySQL从5.7版本开始支持半同步复制，默认使用异步复制方式。

1. 同步复制

同步复制是指，当用户请求并更新数据时，主库必须要同步到从库后才响应用户，即如果主库没有同步到从库，用户的更新操作会一直阻塞。同步复制保证了数据的强一致性，但牺牲了系统的可用性。同步复制最大的缺点是性能问题，会影响用户体验。

2. 异步复制

异步复制是指，当用户请求更新数据时，主库处理完请求后可直接响应用户，而不必等待从库完成同步，即从库会异步进行数据的同步，用户的更新操作不会因为从库未完成数据同步而导致阻塞。异步复制保证了系统的可用性，但牺牲了数据的一致性。

3. 半同步复制

同步复制保证了数据的强一致性，牺牲了一定的可用性；异步复制满足高可用，但一定程度上牺牲了数据的一致性。介于两者中间的是半同步复制。半同步复制的核心是，用户发出写请求后，主库会执行写操作，并给从库发送同步请求，但主库不用等待所有从库回复数据同步成功便可响应用户，也就是说主库可以等待一部分从库同步完成后,响应用户写操作执行成功。

半同步复制通常有两种方式：

（1）当主库收到多个从库中的某一个回复数据同步成功后，便可给用户响应写操作完成。

（2）主库等超过一半节点（包括主数据库）回复数据更新成功后，再给用户响应写操作成功。

显然，第二种半同步复制方案要求的一致性比第一种要高一些，但可用性相对会低一些。

可能有读者会问，MySQL如何进行同步配置呢？我们需要了解几个配置：

- rpl_semi_sync_master_enabled：控制是否打开半同步复制，这是一个即时生效的参数。举个例子，如果Master因为种种原因无法接收Slave返回的ACK信息，导致事务在提交阶段阻塞，手动关闭此参数即可生效。

- rpl_semi_sync_master_clients：当前处于半同步状态的Slave个数。

- rpl_semi_sync_master_timeout：为了防止半同步复制在没有收到确认的情况下发生堵塞，如果主库在rpl_semi_sync_master_timeout ms超时之前没有收到确认，将恢复到异步复制，默认值是10000 ms（10s）。

- rpl_semi_sync_master_wait_for_slave_count：该变量控制Slave应答的数量，默认是1。表示Master接收到几个Slave应答后才提交。数值越小，需要等待确认的从节点越少，性能越好。最大可以配置成和从节点的数量一样，这样就变成了同步复制。阿里云的一主一备高可用版RDS配置该值为1。一般情况下，配置成默认值1即可，这样性能损失最小，可用性也很高，只要还有一个从库活着，就不影响主库读写。丢数据的风险也不大，只有在恰好主库和那个有最新数据的从库一起坏掉的情况下，才有可能丢数据。

- rpl_semi_sync_master_wait_point：该参数控制主库执行事务的线程是在提交事务之前（AFTER_SYNC）等待复制还是在提交事务之后（AFTER_COMMIT）等待复制。默认是 AFTER_SYNC，也就是先等待复制，再提交事务，这样完全不会丢失数据。AFTER_COMMIT 具有更好的性能，不会长时间锁表，但存在宕机丢数据的风险。

- rpl_semi_sync_master_wait_no_slave：为OFF时，只要Master发现rpl_semi_sync_master_clients小于rpl_semi_sync_master_wait_for_slave_count，则Master立即转为异步模式。

- 为ON时，在空闲时间（无事务提交）中，即使Master发现rpl_semi_sync_master_clients小于rpl_semi_sync_master_wait_for_slave_count，也不会做任何调整。只要保证在事务超时之前，Master收到大于等于rpl_semi_sync_master_wait_for_slave_count值的ACK应答数量，Master就一直保持在半同步模式；如果在事务提交阶段（Master等待ACK）超时，Master才会转为异步模式。无论rpl_semi_sync_master_wait_no_slave为ON还是OFF，当Slave上线到rpl_semi_sync_master_wait_for_slave_count值时，Master都会自动由异步模式转为半同步模式。

3.3　MySQL 高可用架构

3.3.1　MySQL 高可用架构 MMM

MMM（Master-Master Replication Manager for MySQL）是一套支持双主故障切换和双主日常管理的脚本程序。MMM使用Perl语言开发，主要用来监控和管理MySQL Master-Master（双主）复制，虽然叫作双主复制，但是业务上同一时刻只允许对一个主进行写入，另一台备选主上提供部分读服务。

MMM提供了自动和手动两种方式移除一组服务器中复制延迟较高的服务器的虚拟IP，同时它还可以备份数据，实现两个节点之间的数据同步等。由于MMM无法完全保证数据的一致性，因此适用于对数据的一致性要求不是很高，但是又想最大限度地保证业务可用性的场景。对于那些对数据的一致性要求很高的业务，非常不建议采用MMM这种高可用架构。

如图3-13所示，整个MySQL集群有1个写VIP（Virtual IP）和N（N≥1）个读VIP提供对外服务。每个MySQL节点均部署了一个Agent（MMM-Agent），MMM-Agent和MMM-Manager保持通信状态，定期向MMM-Manager上报当前MySQL节点的存活情况（这里称之为心跳）。当MMM-Manager连续多次无法收到MMM-Agent的心跳消息时，会进行切换操作。

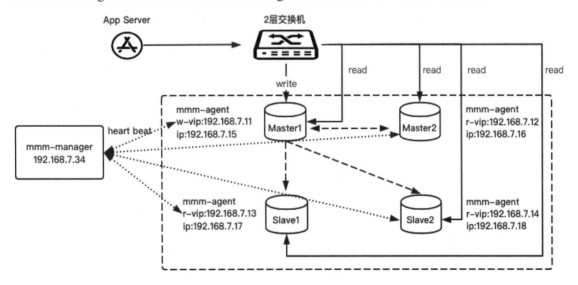

图 3-13　两个 Master+一个/多个 Slave

MySQL-MMM的监管端会提供多个虚拟IP（VIP），包括一个可写VIP和多个可读VIP，通过监管的管理，这些IP会绑定在可用服务器之上，当某一台服务器宕机时，监管会将VIP迁移至其他服务器。

MMM是Google技术团队开发的一款比较老的高可用产品，在业内使用得并不多，社区也不活跃，Google很早就不再维护MMM的代码分支。

3.3.2　基于 MHA 实现 MySQL 自动故障转移

MHA（Master High Availability）目前在MySQL高可用方面是一个相对成熟的解决方案，它由日本DeNA公司的yoshinorim（现就职于Facebook公司）开发，是一套优秀的在MySQL高可用性环境下进行故障切换和主从提升的高可用软件。在MySQL故障切换的过程中，MHA能做到在0~30s内自动完成数据库的故障切换操作，并且在进行故障切换的过程中，MHA能最大限度地保证数据的一致性，以达到真正意义上的高可用。

MHA集群架构如图3-14所示。

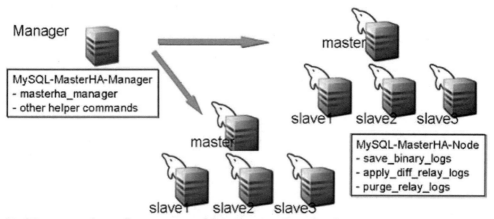

图 3-14　MHA 集群架构

MHA包含两部分：MHA Manager（管理节点）和MHA Node（数据节点）。

- MHA Manager：可以单独部署在一台独立的机器上管理多个master-slave集群，也可以部署在一台Slave节点机器上。

- MHA Node：运行在每台MySQL服务器上，MHA Manager会定时探测集群中的Master节点，当Master节点出现故障时，它可以自动将最新数据的Slave节点提升为新的Master节点，然后将所有其他的Slave节点重新指向新的Master节点。整个故障转移过程对应用程序完全透明。

MHA的优点如下：

（1）故障切换快。

（2）Master节点故障不会导致数据不一致。

（3）无须修改当前的MySQL设置。

（4）无须增加大量的服务器。

（5）无性能下降。

（6）适用于任何存储引擎。

在MHA自动故障切换的过程中，MHA试图从宕机的主服务器上保存二进制日志，最大限度地保证数据不丢失，但这并不总是可行的。例如，如果主服务器硬件故障或无法通过SSH访问，MHA就没法保存二进制日志，只进行故障转移而丢失了最新的数据。使用MySQL 5.5的半同步复制可以大大降低数据丢失的风险。MHA可以与半同步复制结合起来。如果只有一个Slave收到了最新的二进制日志，MHA可以将最新的二进制日志应用于其他所有的Slave服务器，因此可以保证所有节点数据的一致性。

目前MHA主要支持一主多从的架构。要搭建MHA，要求一个复制集群中必须最少有3台数据库服务器：一主二从，即一台充当Master，一台充当备用Master，另一台充当Slave。因为至少需要3台服务器，出于机器成本的考虑，淘宝在此基础上进行了改造，目前淘宝TMHA已经支持一主一从。

3.3.3　MySQL Cluster 架构

MySQL Cluster架构如图3-15所示。

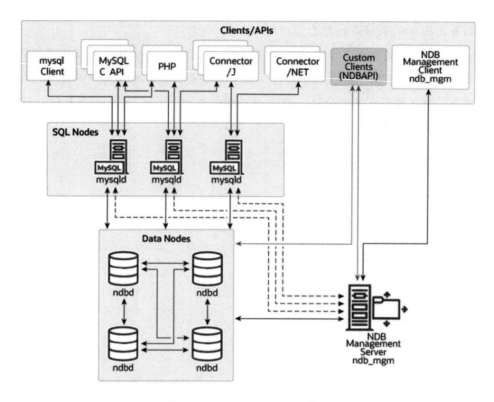

图 3-15　MySQL Cluster 架构

MySQL NDB Cluster由3种节点构成，即SQL节点、数据节点及管理节点：

- SQL节点：相当于增加了NDB存储引擎的MySQL服务器，数据节点作为NDB存储引擎使用，如果使用其他的MySQL存储引擎，例如InnoDB、MyISAM等，数据将会保存在SQL节点上。应用程序通过SQL节点访问数据节点，使用方法与通常的MySQL一样，SQL节点会自动找到正确的数据节点将数据找回。

- 数据节点：NDB Cluster的核心功能，用于保存数据、索引以及控制事务。插入的数据按照主键的哈希值分散到不同的节点组中保存（每个节点组保存部分数据），另外在每个节点组内，数据会复制到不同的数据节点上以实现冗余。

- 管理节点：管理节点用于配置集群和各个节点，各个节点需要连接管理节点，取得配置信息后加入集群。此外，管理节点还充当仲裁者角色，以防止发生网络分区后出现脑裂现象。

MySQL NDB Cluster的优点如下：

（1）高扩展性：NDB Cluster 可以在内部自动进行数据分片，随着数据节点的增加，可以做到非常高的读写扩展。

（2）高可用性：最新版本高达99.9999%的高可用性，每年的停机运维时间不超过1分钟。

（3）实时性：数据大部分情况下保存在内存中，可以快速执行事务，满足实时性高要求的应用需求。

（4）异地容灾：可以利用NDB Cluster的复制功能对NDB Cluster进行异地容灾，与MySQL的复制功能不同，NDB Cluster可以进行双向复制，并且能够对数据冲突进行校验。

（5）SQL+NoSQL：数据节点上保存的数据除了可以通过SQL节点访问外，还可以通过NoSQL访问。

MySQL NDB Cluster的适用场景：具有非常高的并发需求，对可用性要求较高的场景。

3.3.4　MySQL+DRDB + Heartbeat 架构

Heartbeat是一款开源的提供高可用（Highly-Available）服务的软件，通过Heartbeat可以将资源（IP及程序服务等资源）从一台已经故障的计算机快速转移到另一台正常运转的机器上继续提供服务，一般称之为高可用服务。在实际生产应用场景中，Heartbeat的功能和Keepalived 有很多相同之处，但在生产中，对应实际的业务应用也是有区别的，例如：

（1）Keepalived使用更简单：从安装、配置、使用、维护等角度对比，Keepalived都比Heartbeat简单得多。Heartbeat 2.1.4后拆分成了3个子项目，安装、配置、使用都比较复杂，尤其是出问题的时候，都不知道具体是哪个子系统出问题了；而Keepalived只有1个安装文件和1个配置文件，配置文件也简单很多。

（2）Heartbeat功能更强大：Heartbeat虽然复杂，但功能更强大，配套工具更全，适合做大型集群管理；而Keepalived主要用于集群倒换，基本没有管理功能。

（3）协议不同：Keepalived使用VRRP进行通信和选举，Heartbeat使用心跳进行通信和选举；Heartbeat除了走网络外，还可以通过串口通信，更加可靠。

提示　无数据同步的应用程序高可用可选择Keepalived，有数据同步的应用程序高可用可选择Heartbeat，LVS的高可用建议用Keepavlived，业务的高可用建议用Heartbeat。

DRBD（Distributed Replicated Block Device）是一个基于块设备级别在远程服务器直接同步和镜像数据的软件，用软件实现的、无共享的、服务器之间镜像块设备内容的存储复制解决方案。它可以实现在网络中两台服务器之间基于块设备级别的实时镜像或同步复制（两台服务器都写入成功）/异步复制（本地服务器写入成功），相当于网络的RAID1，由于是基于块设备（磁盘，LVM逻辑卷），在文件系统的底层，因此数据复制要比cp命令更快。DRBD已经被MySQL官方写入文档手册作为推荐的高可用方案之一。

MySQL+ DRBD+Heartbeat架构如图3-16所示。

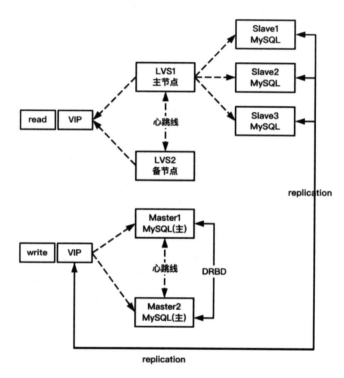

图 3-16   MySQL+ DRBD+Heartbeat 架构

Heartbeat可以将资源（VIP地址及程序服务）从一台有故障的服务器快速转移到另一台正常的服务器提供服务。Heartbeat和Keepalived相似，可以实现Failover功能，但不能实现对后端的健康检查。

3.3.5 云数据库高可用架构

前面讲述了好几种高可用数据库方案，每种方案都有不同的优缺点和应用场景，但是这些方案有一个共同的缺点：需要企业自己搭建整套高可用架构，存在运维复杂的痛点。

目前主流的云厂商，例如阿里云、腾讯云以及华为云都提供类似的关系型或者非关系型云数据库。这里以阿里云的云数据库RDS为例进行介绍，其他厂商的云数据库读者可自行了解。

首先，云数据库与传统的数据库相比，在搭建、运维、管理层面都提升了一个层次，实现了相当程度的智能化和自动化，极大地提升了用户友好度，降低了使用门槛。比如灵活的性能等级调整、详尽的监控体系、攻击防护机制等，这些在传统数据库中需要借助额外工具或产品的功能，在云数据库服务中是默认内置的，可以开箱即用。

除了这些基本功能外，云上的关系型数据库还有一些高级特性，例如读写分离、异地灾备、备份/恢复、性能优化与诊断、数据安全与加密等。

- 以阿里云的云数据库RDS为例，其包括4个系列：基础版、高可用版、集群版和三节点企业版（原金融版）。基础版：由于不提供备节点，主节点不会因为实时的数据库复制而产生额外的性能开销，因此基础版的性能相对于同样配置的高可用版或三节点企业版（原金融版）甚至有所提升。在可靠性方面，基础版的计算与存储分离，计算节点的故障不会造成数据丢失。在成本方面，通过减少数据库节点大幅节省成本，售价低至高可用版的一半。

- 高可用版：高可用版实例有一个备节点，主节点的数据会通过半同步的方式同步到备节点，当主节点出现故障无法访问时，会自动切换到备节点。高可用版实例的主备节点可以部署在同一地域的相同或不同可用区。高可用版实例提供完整的产品功能，包括弹性伸缩、备份恢复、性能优化、读写分离等，且提供SQL洞察功能，可以保存最长5年的所有SQL执行记录，使对数据库的访问有据可查，以保障核心数据的安全。

基础版与高可用版的对比拓扑图如图3-17所示。

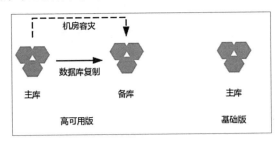

图 3-17　基础版与高可用版的对比拓扑图

- 集群版：可横向扩展集群的读能力，集群版支持增加只读实例，实现线性扩展读能力。而且只读实例规格可以与主实例规格不同，因此可以通过选用更高规格的只读实例来获得更强的读能力。

集群版的拓扑图如图3-18所示。

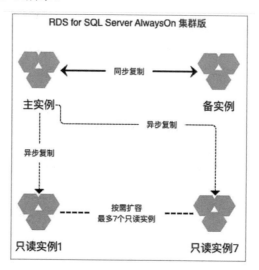

图 3-18   集群版的拓扑图

目前，云数据库已经进入了相当成熟的时期。所以，在云上大多数的场合推荐使用云数据库，而不是使用虚拟机自建数据库。用户更多需要考虑的是，如何在云数据库中选择匹配自身需求的型号，同时要注意可迁移性和厂商绑定的问题。

3.4 案例：MySQL 一主多从数据同步

前面讲解了很多理论知识，本节开始演示如何一步一步地搭建MySQL一主多从数据同步实验。由于该案例基于Docker容器化技术，因此需要读者提前在个人计算机或者服务器上安装Docker容器和docker-compose。

搭建MySQL一主多从模式的具体步骤如下：

步骤 01 创建 master 和 slave 文件夹，具体如下：

```
/Users/ay/Work/me/mysql-master-slave/master
/Users/ay/Work/me/mysql-master-slave/slave1
/Users/ay/Work/me/mysql-master-slave/slave2
```

在/Users/ay/Work/me/mysql-master-slave目录下创建master、slave1和slave2文件夹。

步骤 02　在 master、slave1 以及 slave2 文件夹下分别创建 Dockerfile 文件，具体内容如下：

```
FROM mysql
COPY my.cnf /etc/mysql/
EXPOSE 3306
CMD ["mysqld"]
```

mysqld是用来启动MySQL数据库的命令，是MySQL的守护进程。

步骤 03　在 master、slave1 以及 slave2 文件夹下创建 my.cnf 文件，具体内容如下：

```
#master文件下的my.cnf文件内容如下
[mysqld]
log-bin=mysql-bin
server-id=1

#slave1文件下的my.cnf文件内容如下
[mysqld]
log-bin=mysql-bin
server-id=2

#slave2文件下的my.cnf文件内容如下
[mysqld]
log-bin=mysql-bin
server-id=3
```

- log-bin：用于打开二进制日志功能，在复制（replication）配置中，作为master必须打开此项，如果需要从最后的备份中进行基于时间点的恢复，也同样需要二进制日志。
- server-id：服务器唯一ID，默认是1。

步骤 04　构建 master/mysql、slave1/mysql 以及 slave2/mysql 镜像，具体 Docker 命令如下：

```
#切换到master文件夹下创建master/mysql镜像
docker build -t master/mysql .
#切换到slave1文件夹下创建slave1/mysql镜像
docker build -t slave1/mysql .
#切换到slave2文件夹下创建slave2/mysql镜像
docker build -t slave2/mysql .
```

镜像构建成功后，可以执行命令docker images | grep mysql，具体结果如下：

```
slave2/mysql   latest          51bd9b2c0e6c   2 weeks ago    456MB
slave1/mysql   latest          c291f84d2b96   2 weeks ago    456MB
```

```
master/mysql    latest              4535404b4976   2 weeks ago    456MB
```

步骤 05 启动容器，命令如下：

```
### 启动master/mysql容器
docker run -p 3307:3306 --name mysql-master -e MYSQL_ROOT_PASSWORD=mysql -d
master/mysql
### 启动slave1/mysql容器
docker run -p 3308:3306 --name mysql-slave1 -e MYSQL_ROOT_PASSWORD=mysql -d
slave1/mysql
### 启动slave2/mysql容器
docker run -p 3309:3306 --name mysql-slave2 -e MYSQL_ROOT_PASSWORD=mysql -d
slave2/mysql
```

注意 如果容器启动失败，可以使用docker logs命令查看启动日志，如果启动过程中报如下错误：

```
docker mysql mysqld: Error on realpath() on '/var/lib/mysql-files ' No such
file or directory
```

可以换成如下的启动命令：

```
### 启动master/mysql容器，slave1/mysql和slave2/mysql启动命令类似
docker run -p 3307:3306 --name mysql-master -v
/Users/ay/Work/me/mysql-master-slave/mysql-file:/var/lib/mysql-files/  -e
MYSQL_ROOT_PASSWORD=mysql -d master/mysql
```

步骤 06 进入 master 容器终端命令，具体命令如下：

```
#进入master
> docker exec -it mysql-master bash
#进入slave1
> docker exec -it mysql-slave1 bash
#进入slave2
> docker exec -it mysql-slave2 bash

#进入master容器后，进入mysql控制器输入如下命令，填写密码：mysql
> mysql -uroot -p -h127.0.01
```

在主容器的mysql控制器中输入以下命令：

```
> grant all privileges on *.* to 'root'@'%' with grant option;
```

赋予权限的具体格式如下：

```
grant权限列表 on 数据库 to'用户名'@'访问主机'
```

with grant option选项表示该用户可以将自己拥有的权限授权给别人。

查看主容器数据库的状态：

```
+----------------+----------+--------------+------------------+-------------------+
| File           | Position | Binlog_Do_DB | Binlog_Ignore_DB | Executed_Gtid_Set |
+----------------+----------+--------------+------------------+-------------------+
| mysql-bin.000003 |   2670 |              |                  |                   |
+----------------+----------+--------------+------------------+-------------------+
```

记录File的值和Position的值，File：mysql-bin.000003，Position：2670。

步骤 07　在从容器的 mysql 控制器中输入以下命令（两个从容器都需要）：

```
#设置要连接的主服务日志的监听，192.168.1.5为宿主机的IP地址
mysql>change master to
      master_host='192.168.1.5',
      master_user='user',
      master_log_file='mysql-bin.000003',
      master_log_pos=2670,
      master_port=3307,
      master_password='mysql';

#开启从服务器
mysql> start slave;
```

- master_host：填写master主机IP地址，这里填写宿主机的IP地址即可，如果容器间的网络是通的，可以通过命令获取容器的IP地址：

```
docker inspect --format='{{.NetworkSettings.IPAddress}}' 容器名称或容器id
```

- master_log_file：填写步骤06中File的值mysql-bin.000003。
- master_log_pos：填写步骤06中Position的值2670。

从库通过change master 命令设置主库 master的IP、端口、用户名、密码，以及要从哪个位置开始请求二进制日志，这个位置包含文件名和日志偏移量。

注意　如果不小心配置错误，请输入命令mysql> stop slave，重新设置要连接的master服务日志监听，再输入命令mysql> start slave。

检查主从连接状态，具体命令如下：

```
mysql> show slave status\G;
```

```
//省略代码

Slave_IO_Running: YES
Slave_SQL_Running: Yes
//省略代码
```

步骤 08 验证主从数据同步，读者可在 master 节点上创建数据库、创建表并在表中插入数据，验证数据是否会同步到 slave1 和 slave2 节点上，搭建完成的目录结构如图 3-19 所示。

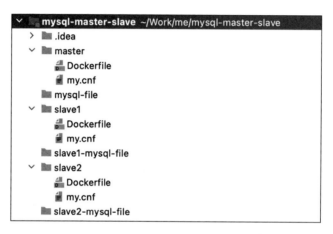

图 3-19　一主多从数据同步目录结构

第 4 章

缓存高可用

本章主要介绍缓存高可用相关知识，包括客户端分区方案、中间代理层方案、服务端方案等内容。

4.1 缓存概述

什么是缓存？就是存储在计算机上的一个原始数据复制集，以便于访问。缓存的作用也非常明显，就是提高系统的响应速度，进而提升用户体验。

缓存能提升系统的响应速度，和系统的可用性有什么关系呢？这就得讲一下用户体验了。ISO 9241-210将用户体验定义为"一个人因使用或预期使用产品、系统或服务而产生的感知和反应"。根据ISO的定义，用户体验包括用户在使用前、使用中和使用后的所有情绪、信念、偏好、感知、生理和心理反应、行为和成就。ISO还列出了影响用户体验的3个因素：使用者状态、系统性能以及环境。

所以，我们需要站在更高的维度去思考可用性。可用性不仅仅是通俗的定义：SLA=可用时长/（可用时长+不可用时长），还包括用户体验。缓存可以提升系统的性能，进而提升用户体验。用户体验越好，系统的可用性也越高。

根据缓存在软件系统中所处位置的不同，缓存可以大致分为3类：

- 客户端缓存。
- 服务端缓存。

- 网络中的缓存。

4.2　缓存高可用概述

前面我们讲到了高可用策略之一：集群部署。缓存要实现高可用，有如下3种方案：

（1）客户端方案：在客户端配置多个缓存的节点，通过缓存写入和读取算法策略来实现分布式，从而提高缓存的可用性。

（2）中间代理层方案：在应用代码和缓存节点之间增加代理层，客户端所有的写入和读取的请求都通过代理层，而代理层中会内置高可用策略，以帮助提升缓存系统的高可用。

（3）服务端方案：服务端方案是Redis 2.4版本后提出的Redis Sentinel方案。

掌握这3种方案，可以有效防御缓存节点故障导致的缓存命中率下降，增强系统的可用性。

4.3　客户端分区方案

客户端分区方案主要是在客户端决定数据会被存储到哪个Redis节点或者从哪个Redis节点读取数据，如图4-1所示。其主要思想是采用哈希算法（哈希算法具体参考2.9节的负载均衡算法）将Redis数据的key进行散列，通过hash函数特定的key会映射到特定的Redis节点上。

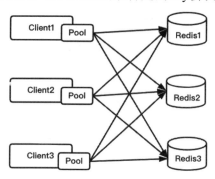

图 4-1　客户端分区方案

客户端分区方案的代表为Redis Sharding，Redis Sharding是Redis Cluster出来之前业界普遍使用的Redis多实例集群方法。Java的Redis客户端驱动库Jedis支持Redis Sharding功能，即ShardedJedis以及结合缓存池的ShardedJedisPool。Jedis的Redis Sharding实现采用一致性哈希算法。

4.4　中间代理层方案

4.4.1　中间代理层概述

另一种Redis集群方案是使用中间代理层（见图4-2），比如Twitter的Twemproxy、豌豆荚的Codis。

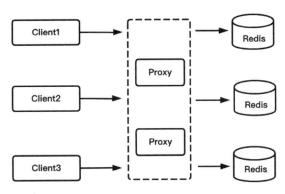

图 4-2　Redis 集群之中间代理层方案

中间代理服务有3个作用：

（1）负责在客户端和Redis节点之间转发请求和响应。客户端只和代理服务打交道，代理收到客户端的请求之后，再转发到对应的Redis节点上，节点返回的响应再经由代理转发返回给客户端。

（2）负责监控集群中所有Redis节点的状态，如果发现了有问题的节点，及时进行主从切换。

（3）维护集群的元数据，这个元数据主要就是集群所有节点的主从信息，以及槽和节点的关系映射表。

引入代理层的好处是简化客户端的分布式逻辑，透明接入，有些中间代理层支持多语言。

4.4.2　Codis 架构

Codis是一个分布式Redis解决方案，对于上层的应用来说，连接到Codis Proxy和连接原生的Redis Server没有显著区别，上层应用可以像使用单机的Redis一样使用，Codis底层会处理请求的转发，不停机地进行数据迁移等工作，后面的一切事情对于前面的客户端来说都是透明的，可以简单地认为后面连接的是一个内存无限大的Redis服务。Codis架构如图4-3所示。

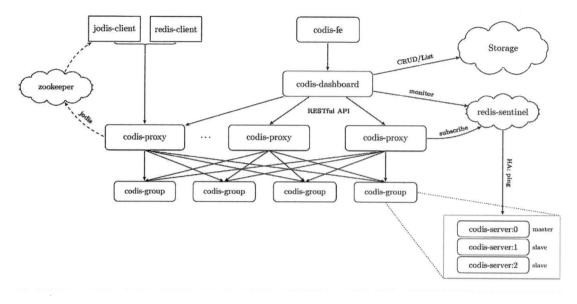

图 4-3   Codis 架构图

Codis 3.x由以下核心组件组成：

- Codis Server: 基于redis-3.2.8 分支开发，增加了额外的数据结构，以支持Slot有关的操作以及数据迁移指令。Codis Server进行了二次开发的Redis实例主要负责处理具体的数据读写请求。

- Codis Proxy: 客户端连接的Redis代理服务，实现了Redis协议。用于接收客户端请求，并把请求转发给Codis Server。除部分命令不支持以外，表现的和原生的Redis没有区别。对于同一个业务集群而言，可以同时部署多个Codis-Proxy实例。

- ZooKeeper集群: 保存集群元数据，例如数据位置信息和Codis Proxy信息。

- Codis Dashboard/Codis FE: 共同组成了集群管理工具。其中，Codis Dashboard负责执行集群管理工作，包括增删Codis Server、Codis Proxy和进行数据迁移。而Codis Fe负责提供Dashboard的Web操作界面，便于我们直接在Web界面上进行集群管理。对于同一个业务集群而言，同一个时刻codis-dashboard只能有0个或者1个。所有对集群的修改都必须通过codis-dashboard完成。多个集群实例可以共享同一个前端展示页面。

- Redis-Sentinel: 基于Redis-Sentinel实现主备自动切换。

Codis处理客户端请求的流程如下：

（1）使用Codis Dashboard设置Codis Server和Codis Proxy的访问地址，完成设置后，Codis

Server 和Codis Proxy才会开始接受连接。

（2）当客户端要读写数据时，客户端直接和Codis Proxy建立连接。Codis Proxy本身支持Redis的RESP交互协议，所以客户端访问Codis Proxy时，和访问原生的Redis实例没有区别。

（3）Codis Proxy接收到请求，就会查询请求数据和Codis Server的映射关系，并把请求转发给相应的Codis Server进行处理。当Codis Server处理完请求后，会把结果返回给Codis Proxy，Proxy再把数据返回给客户端。

4.5　服务端方案

Redis的部署方式有单机模式、主从模式、哨兵模式（Redis Sentinel）、集群模式（Redis Cluster）：

（1）单机模式：很好理解，Redis单机部署。

（2）主从模式：Redis 2.8版本之前的模式。

（3）哨兵模式：Redis 2.8及之后的模式。

（4）集群模式：Redis从3.0版本开始，官方提供的模式。

4.5.1　主从模式

Redis主从架构有多种不同的拓扑结构，下面介绍一些常见的主从拓扑结构。

1. Redis一主一从拓扑结构

Redis一主一从拓扑结构主要用于将主节点的故障转移到从节点。当主节点的写入操作并发高且需要持久化时，可以只在从节点开启AOF（主节点不需要），这样既可以保证数据的安全性，又可以避免持久化对主节点性能的影响。Redis一主一从拓扑结构如图4-4所示。

2. Redis一主多从拓扑结构

针对读取操作并发较高的场景，读取操作由多个从节点来分担，但节点越多，主节点同步到多节点的次数也越多，影响带宽，也对主节点的稳定性造成负担。Redis一主多从拓扑结构如图4-5所示。

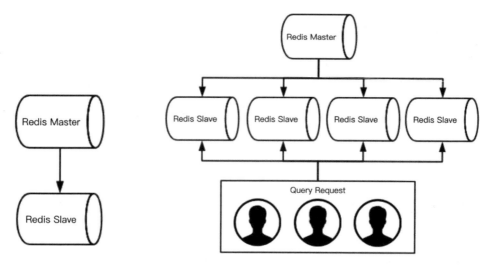

图 4-4　Redis 一主一从拓扑结构　　　　图 4-5　Redis 一主多从拓扑结构

3. Redis树形拓扑结构

一主多从拓扑结构的缺点是主节点推送次数多、压力大，可用树形拓扑结构解决，主节点只负责推送数据到从节点A，再由从节点A推送到从节点B、C和D，以减轻主节点推送的压力。Redis树形拓扑结构如图4-6所示。

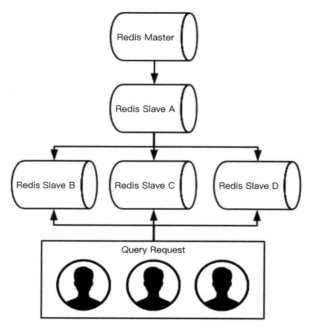

图 4-6　Redis 树形拓扑结构

主从架构虽然可以提高读并发，但这种架构也有如下一些缺点：

（1）在主从架构中，如果主节点出现问题，就不能提供服务，需人工修改重新设置主节点。

（2）在主从架构中，主节点单机写能力有限。

4.5.2　哨兵模式

在Redis主从架构中，当Master节点出现故障后，Redis新的主节点必须由开发人员手动修改。这显然不满足高可用的特性。因此，在Redis主从架构的基础上演变出了Redis哨兵机制。

哨兵机制高可用的原理是：当Master节点出现故障时，由Redis哨兵自动完成故障发现和转移，并通知Redis客户端，以实现高可用性。

Redis哨兵进程用于监控Redis集群中Master节点的工作状态。在Master节点发生故障的时候，可以实现Master节点和Slave节点的自动切换，以保证系统的高可用性。

Redis哨兵是一个分布式系统，可以在一个架构中运行多个Redis哨兵进程，这些进程使用流言协议（Gossip　Protocol）来接收关于Master节点是否下线的信息，并使用投票协议（Agreement Protocol）来决定是否执行自动故障迁移，以及选择某个Slave节点作为新的Master节点。

每个Redis哨兵进程会向其他Redis哨兵、Master节点、Slave节点定时发送消息，以确认被监控的节点是否"存活着"。如果发现对方在指定配置时间（可配置的）内未得到回应，就暂时认为被监控节点已宕机，也就是所谓的"主观下线"（Subjective Down，简称SDOWN）。

与"主观下线"对应的是"客观下线"。当"哨兵群"中的多数Redis哨兵进程在对Master节点做出SDOWN的判断，并且通过SENTINEL is-master-down-by-addr命令互相交流之后，得出Master Server下线的判断，此时认为Master节点发生"客观下线"（Objectively Down，简称ODOWN）。通过一定的选举算法从剩下存活的Slave节点中选出一台晋升为Master节点，然后自动修改相关配置，并开启故障转移（Failover）。

Redis哨兵虽然由一个单独的可执行文件redis-sentinel控制启动，但实际上Redis哨兵只是一个运行在特殊模式下的Redis服务器，可以在启动一个普通Redis服务器时通过指定--sentinel选项来启动Redis哨兵，Redis哨兵的一些设计思路和ZooKeeper非常类似。

Redis哨兵集群之间会互相通信，交流Redis节点的状态，做出相应的判断并进行处理。这里的"主观下线"和"客观下线"是比较重要的状态，这两个状态决定了是否进行故障转移，可以通过订阅指定的频道信息，当服务器出现故障时通知管理员。客户端可以将Redis哨兵看作是一个只提供了订阅功能的Redis服务器，客户端不可以使用 PUBLISH命令向这个服务器发送信息，但是客户端可以用SUBSCRIBE/PSUBSCRIBE命令通过订阅指定的频道来获取相应的事件提醒。

Redis哨兵的拓扑结构如图4-7所示。

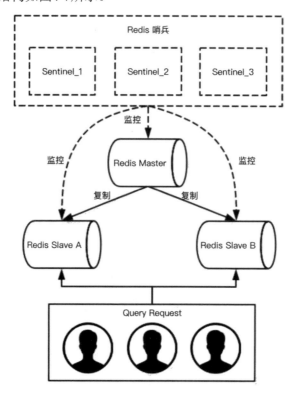

图 4-7　Redis 哨兵的拓扑结构

Redis哨兵定时监控任务的原理如下：

（1）每个Redis哨兵节点每10秒会向Master节点和Slave节点发送info命令获取拓扑结构图，Redis哨兵配置时只要配置对Master节点的监控即可，可以通过向Master节点发送info命令获取Slave节点的信息，并且当有新的Slave节点加入时可以立刻感知到，如图4-8所示。

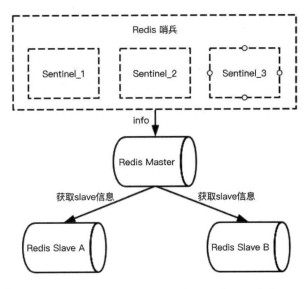

图 4-8　Redis 哨兵每隔 10 秒执行一次 info 命令

（2）每个Redis哨兵节点每隔2秒会向Redis数据节点的指定频道上发送该Redis哨兵节点对于Master节点的状态判断以及当前Redis哨兵节点自身的信息，同时每个哨兵节点会订阅该频道，用来获取其他Redis哨兵节点的信息及对Master节点的状态判断，如图4-9所示。

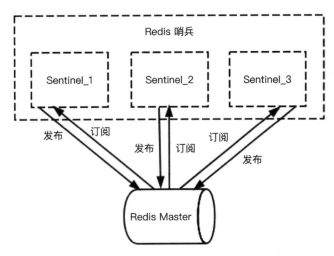

图 4-9　Redis 哨兵每隔 2 秒执行一次发布和订阅

（3）每隔1秒每个Redis哨兵会向Master节点、Slave节点及其余Redis哨兵节点发送一次ping命令，做一次心跳检测，这也是Redis哨兵用来判断节点是否正常的重要依据，如图4-10所示。

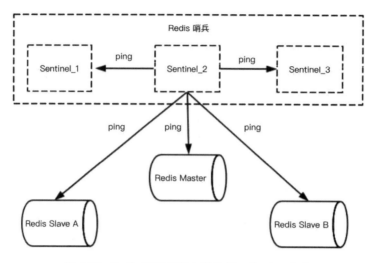

图 4-10   Redis 哨兵每隔 1 秒执行一次 ping 命令

当主观下线的节点是Master节点时，此时探测到Master节点主观下线的Redis哨兵节点会通过指令sentinel is-masterdown-by-addr寻求其他Redis哨兵节点对Master节点的状态做出判断，当超过quorum（选举）个数时，Redis哨兵节点认为该Master节点确实有问题，这样就客观下线了，大部分哨兵节点都同意下线操作，即发生客观下线，如图4-11所示。

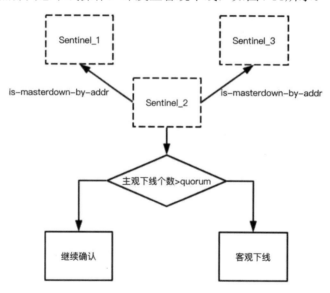

图 4-11   主观下线和客观下线

当哨兵发现Master节点有故障时，它们就会选举一个Leader出来，由这个Leader负责执行具体的故障切换流程。所以，在选举Leader的过程中，就需要按照一定的协议让多个哨兵就

"Leader 是哪个实例" 达成一致的意见，这就是分布式共识算法Raft（具体内容参考1.6节）。Redis哨兵选举领导者的步骤如下：

步骤 01　每个在线的哨兵节点都可以成为领导者，当此 Redis 哨兵（如图 4-11 所示的哨兵 2）确认主节点主观下线时，会向其他哨兵发送 is-master-down-by-addr 命令，征求判断并要求将自己设置为 Redis 哨兵集群的领导者，由领导者处理故障转移。

步骤 02　当其他 Redis 哨兵收到 is-master-down-by-addr 命令时，可以同意或者拒绝此 Redis 哨兵成为领导者。

步骤 03　当此 Redis 哨兵得到的票数大于等于 max(quorum, num(sentinels)/2+1)时，Redis 哨兵将成为 Redis 哨兵集群。如果没有超过，就继续选举。

Redis哨兵选举领导者的过程如图4-12所示。

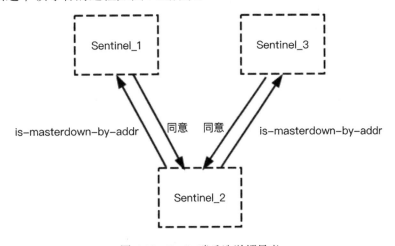

图 4-12　Redis 哨兵选举领导者

需要注意的是，Redis哨兵在实现时并没有完全按照Raft协议来实现，这主要体现在Redis哨兵实例在正常运行的过程中，不同实例间并不是Leader和Follower的关系，而是对等的关系。只有当哨兵发现主节点有故障了，此时哨兵才会按照Raft协议执行选举Leader的流程。

故障转移的步骤如下：

步骤 01　将 Slave A 脱离原从节点，升级为 Master 节点。

步骤 02　将 Slave 节点 Slave B 指向新的 Master 节点。

步骤 03　通知客户端 Master 节点已更换。

步骤 04　如果 Master 节点故障恢复，就设置成为新的 Master 节点的 Slave 节点。

故障转移过程（假设哨兵2成为领导者）如图4-13所示。

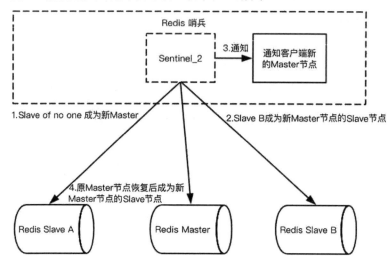

图 4-13　Redis 哨兵机制故障转移

经过故障转移后，Redis哨兵架构的拓扑结构将发生变化，如图4-14所示。

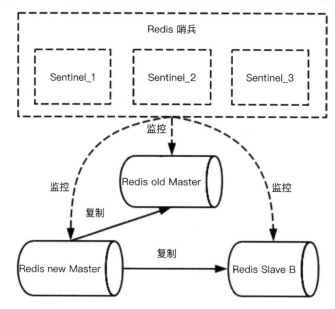

图 4-14　Redis 哨兵机制故障转移后的拓扑图

4.5.3　Redis 集群模式

Redis集群是可以在多个Redis节点之间进行数据共享的架构。Redis集群通过分区容错

（Partition Tolerance）来提高可用性，即使集群中有一部分节点失效或者无法进行通信，集群也可以继续处理命令请求。

1. Redis集群模式数据共享

Redis集群需要注意如下几点：

（1）将数据切分到多个Redis节点。

（2）当集群中的部分节点失效或者无法通信时，整个集群仍可以处理请求。

Redis集群对数据进行分片，每个Redis集群包含16384个哈希槽（Hash Slot），Redis中存储的每个Key都属于这16384个哈希槽中的一个。通过公式计算每个Key应该存放于具体哪个哈希槽：

```
### 其中CRC16(key)用于计算key的CRC16校验和
Key存放的哈希槽 = CRC16(key) % 16384
```

这些槽又是如何存放到具体的Redis节点上的呢？这个映射关系保存在集群的每个Redis节点上，集群初始化的时候，Redis会自动平均分配这16384个槽，也可以通过命令来调整。

Redis集群中的每个Redis节点负责处理一部分哈希槽。假设1个Redis集群包含3个Redis节点，则每个节点可能处理的哈希槽如下：

（1）Redis节点A负责处理0~5500号哈希槽。

（2）Redis节点B负责处理5501~11000号哈希槽。

（3）Redis节点C负责处理11001~16384号哈希槽。

通过这种将哈希槽分布到不同Redis节点的做法使得用户可以很容易地向集群添加或者删除Redis节点。例如向Redis集群中加入节点D，只需将节点A、B和C中的部分哈希槽移动到节点D即可。可以手动指定哪些槽迁移到新节点上，也可以利用官方提供的redis-trib.rb脚本来自动重新分配槽，自动迁移。

客户端可以连接Redis集群的任意一个节点来访问集群的数据，当客户端请求一个Key的时候，被请求的Redis实例先通过上面的公式计算出这个Key在哪个槽中，再查询槽和节点的映射关系，找到数据所在的真正节点，如果这个节点正好是自己，就直接执行命令返回结果。如果数据不在当前这个节点上，就给客户端返回一个重定向的命令，告诉客户端应该去连接哪个节点请求这个Key的数据。然后客户端会再连接正确的节点来访问。

2. Redis集群中的主从复制

Redis集群支持给每个分片增加一个或多个从节点，每个从节点在连接到主节点上之后，会先给主节点发送一个SYNC命令，请求一次全量复制，也就是把主节点上全部的数据都复制到从节点上。全量复制完成之后，进入同步阶段，主节点会把刚刚全量复制期间收到的命令以及后续收到的命令持续地转发给从节点。

一个Redis集群有A、B和C三个节点，当节点B下线时，整个集群将无法正常工作。如果在创建Redis集群的时候，为节点B创建了从节点Slave_B，那么当主节点B下线时，集群就可以将Slave_B作为新的主节点，并让其替代主节点B，这样整个集群就不会因为主节点B下线而无法正常工作了，即Redis集群拥有分区容错性。

如果某个分片的主节点宕机了，集群中的其他节点会在这个分片的从节点中选出一个新的节点作为主节点继续提供服务。新的主节点选举出来后，集群中的所有节点都会感知到，这样，如果客户端的请求 Key 落在故障分片上，就会被重定向到新的主节点上。

因为Redis不支持事务，所以它的复制比MySQL更简单，连二进制日志都省了，直接就是转发客户端发来的更新数据命令来实现主从同步。

如果Redis集群中的主节点B和其从节点Slave_B都下线，还是会导致Redis集群无法正常工作。

3. Redis集群中的一致性问题

在分析Redis集群的一致性问题前，先了解一下CAP原则。CAP原则又称CAP定理，指的是在一个分布式系统中，一致性（Consistency）、可用性（Availability）、分区容错性（Partition Tolerance）三者不可兼得。Redis集群模式也是一个分布式系统，因此也存在相应的问题。

从之前对Redis集群的分析中可知，Redis集群对可用性和分区容错性有较好的支持。因此，在Redis集群模式下，数据的一致性存在一定的问题。Redis集群不保证强一致性。

在Redis集群中，主从节点之间的复制是异步执行的，即主节点对命令的复制工作发生在返回命令回复给客户端之后，因为如果每次处理命令请求都需要等待复制操作完成，那么主节点处理命令请求的速度将极大地降低（必须在性能和一致性之间做出权衡）。这种情况下会存在数据一致性问题，即集群中的部分节点短时间内获取不到最新的主节点新增的数据。

另一种存在数据一致性的情况是Redis集群出现网络分区。假设有这样一个Redis集群，集群中含有A、A1、B、B1、C和C1共6个节点，其中节点A、B和C是主节点，A1、B1和C1是从节点，另有一个客户端X。假设在某一时刻Redis集群发生网络分区，整个集群分为两方，多数的一方（Majority）包含节点A、A1、B、B1和C1，少数的一方（Minority）包含主节点C和客户端X。在网络分区期间，主节点C仍然能接收客户端C的请求，此时就会出现Minority和Majority数据一致性的问题。

如果网络分区持续时间较短，集群就会正常运行；如果网络分区时间足够长，Minority分区中的节点标记节点C为下线状态，并使用从节点C1替换原主节点C。这将导致客户端X发送给原主节点C的写入数据丢失。

对于Majority一方，如果一个主节点未能在节点超时时间所设定的时限内重新联系上集群，那么集群会将这个主节点视为下线，并使用从节点来代替这个主节点继续工作。

对于Minority一方，如果一个主节点未能在节点超时时间所设定的时限内重新联系上集群，那么它将停止处理写命令，并向客户端报告错误。

4. Redis集群架构

Redis集群中所有的节点彼此之间互相通信，使用二进制协议优化传输速度和带宽。集群中过半数检测到某个节点失效时，集群会将这个节点标记为失败的（Fail）。Redis客户端与Redis集群中的节点直连，Redis客户端只要连接到集群中的任一节点即可。Redis集群架构如图4-15所示。

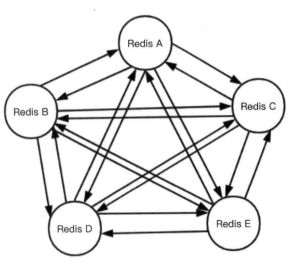

图 4-15　Redis 集群架构

5. Redis集群容错

判断当前节点是否下线需要集群中所有的主节点参与。如果集群中半数以上的主节点与当前节点通信超时，就认为当前节点下线。如图4-16所示，当虚线部分通信超时个数大于集群中的半数节点时，就认为Redis A节点下线。

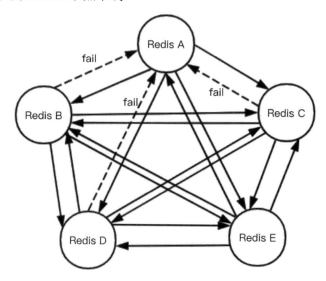

图 4-16　Redis 集群架构

以下两种情况任意一种发生时，整个集群不可用：

（1）某个主节点下线，并且这个主节点没有可用的从节点。

（2）集群中半数以上的主节点下线，无论主节点是否有从节点。

6. Redis集群的缺点

Redis非常适合构建中小规模的集群，比如大概几个到几十个节点这样规模的Redis集群，但是不太适合构建超大规模集群，主要原因是它采用了去中心化的设计。

Redis的每个节点上都保存了所有槽和节点的映射关系表，客户端可以访问任意一个节点，再通过重定向命令找到数据所在的那个节点。当集群加入了新节点，或者某个主节点宕机时，新的主节点被选举出来，这些情况下都需要更新集群每一个节点上的映射关系表。

Redis集群采用了一种去中心化的流言（Gossip）协议来传播集群配置的变化，它是一种消息传播协议，核心思想源自生活中的八卦、闲聊。我们在日常生活中所看到的劲爆消息其实源于两类，一类是权威机构（如国家新闻媒体）发布的消息，另一类则是大家通过微信等社交聊天软件相互八卦，一传十，十传百的结果。

在Gossip协议中，各个节点会周期性地选择一定数量的节点，然后将消息同步给这些节点。收到消息后的节点同样做出类似的动作，随机地选择节点，继续扩散给其他节点。最终经过一定次数的扩散、传播，整个集群的各个节点都能感知到此消息，各个节点的数据趋于一致。具体原理如图4-17所示。

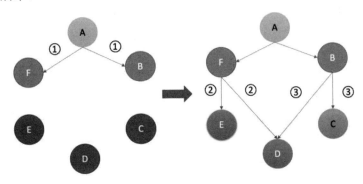

图 4-17　Redis 集群使用的 Gossip 协议

Gossip协议的好处是去中心化，部署和维护更加简单，也能避免中心节点的单点故障。缺点是传播速度慢，并且集群规模越大，传播速度越慢。在集群规模太大的情况下，数据不同步的问题会被明显放大，还有一定的不确定性，如果出现问题很难排查。

4.5.4　Codis 和 Redis 集群的区别

Codis和Redis集群的区别如表4-1所示。

表 4-1　Codis 和 Redis 集群的区别

对比维度	Codis	Redis 集群
数据路由信息	中性化保存在 ZooKeeper，Proxy 在本地缓存	去中心化，每个实例都保存一份
Redis 版本	3.2.8 分支开发	5.0.3
集群扩容	增加 Codis Server 和 Codis Proxy	增加 Redis 实例
数据迁移	同步或者异步迁移	支持同步迁移
客户端兼容性	兼容单实例客户端	需要开发支持 Cluster 功能的客户端
可靠性	（1）Codis Server 主从集群机制保证可靠性 （2）Codis Proxy 无状态设计，故障后重启即可 （3）ZooKeeper 可靠性高，只要半数以上节点存在就能继续服务	实例使用主从集群保证可靠性

（续表）

对比维度	Codis	Redis 集群
监控	可在 Dashboard 监控当前 redis-server 节点的情况，相对方便	不提供监控功能
部署	较复杂	简单
Dashboard	有	无
成熟度	出来比较早，成熟	成熟度弱于 Codis

4.5.5　云数据库 Redis

阿里云的云数据库Redis包括很多种规格，如标准版-双副本（见图4-18）、标准版-单副本（见图4-19）、集群版-双副本（见图4-20）、集群版-单副本（见图4-21）。

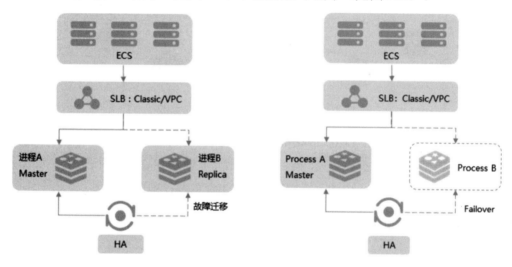

图4-18　标准版-双副本　　　　　　图4-19　标准版-单副本

- 标准版-双副本：采用主从架构，主从节点位于不同的物理机，不仅能提供高性能的缓存服务，还支持数据高可靠。主节点提供日常服务访问，备节点提供HA高可用，当主节点发生故障时，系统会自动在30秒内切换至备节点，以保证业务平稳运行。在数据可靠性方面，默认开启数据持久化功能，数据全部落盘。支持数据备份功能，用户可以针对备份集回滚实例或者克隆实例，有效地解决数据误操作等问题。同时，在支持容灾的可用区（例如杭州可用区H+I）创建的实例还具备同城容灾的能力。
- 标准版-单副本：标准版-单副本采用单个数据库节点部署架构，没有可实时同步数据的备用节点，不提供数据持久化和备份策略，适合数据可靠性要求不高的纯缓存业务场景使用。阿里云自研的HA高可用系统会实时探测节点的服务情况，如果发现业务不可用，HA系统会在30秒内重新拉起一个Redis进程继续为用户提供Redis服务，以保障服务的可用性。单副本版本具有明显的价格优势，性价比较高。

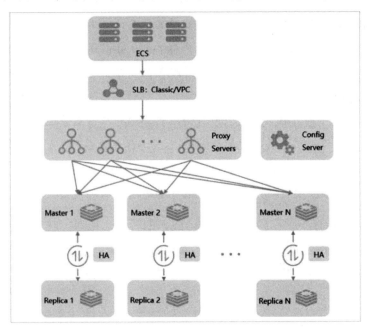

图 4-20 集群版-双副本（代理模式）

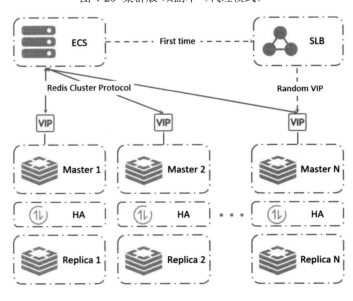

图 4-21 集群版-单副本（直连模式）

云数据库Redis版提供双副本集群版实例，可轻松突破Redis自身单线程的瓶颈，满足大容量、高性能的业务需求。集群版支持代理和直连两种连接模式，读者可以根据本章的说明选择适合业务需求的连接模式。

- 集群版-双副本（代理模式）：集群架构的本地盘实例默认采用代理模式，支持通过一个统一的连接地址（域名）访问Redis集群，客户端的请求通过代理服务器转发到各数据分片，代理服务器、数据分片和配置服务器均不提供单独的连接地址，降低了应用的开发难度和代码复杂度。
- 集群版-单副本（直连模式）：因所有请求都要通过代理服务器转发，代理模式在降低业务开发难度的同时也会小幅度影响Redis服务的响应速度。如果业务对响应速度的要求非常高，用户可以使用直连模式绕过代理服务器直接连接后端的数据分片，从而降低网络开销和服务响应时间。更多详情可参考阿里云的官方文档。

同理，云数据库Redis产品已经进入了相当成熟的时期。所以，在云上大多数的场合仍然推荐使用云数据库，而不是用虚拟机自建数据库。用户更多需要考虑的是，如何在云数据库中选择匹配自身需求的型号，同时要注意可迁移性和厂商绑定的问题。

## 第 5 章

Nginx/LVS高可用

本章主要讲解Nginx概述、Nginx+Keepalived保障高可用、LVS概述、Nginx+Keepalived+LVS保障高可用/高性能、DNS概述、DNS解析过程、DNS负载均衡等内容。

5.1 Nginx

5.1.1 Nginx 概述

Nginx是一款轻量级的Web服务器、反向代理服务器以及电子邮件代理服务器。Nginx是俄罗斯的程序设计师Igor Sysoev开发的，最初供俄罗斯大型的入口网站及搜索引擎Rambler使用。其特点是占用内存少，并发能力强。Nginx在官方测试的结果中能够支持50 000个并行连接，而在实际的运作中可以支持20 000~40 000个并行连接。

5.1.2 Nginx+Keepalived 保障高可用

有一家传统的医药企业，这家企业面向的客户是生产企业、代理企业、医疗机构以及医保局等。公司老板想把药品交易、结算以及监管等业务由线下转到线上（移动互联网），看是否可以提高效率。老板要求很简单，希望保证系统的稳定运行，同时兼顾后续功能的性能扩展能力。

在这样的需求场景下，系统还是很简单，初期没有多大的访问压力，相信多数架构师都会采用以下方案：

首先按照业务把系统切分为药品交易系统、药品结算系统以及药品监管系统，引入Nginx负载均衡器（其简单架构见图5-1），并按照设定规则将访问不同系统的请求转发给对应的子系统。当然，在设计初期可以考虑加入高可用的考虑，比如引入Keepalived技术对Nginx建立主从节点，具体如图5-2所示。

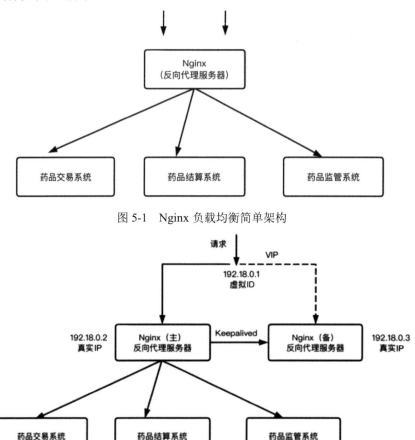

图 5-1   Nginx 负载均衡简单架构

图 5-2   Nginx 负载均衡简单架构

通过引入Keepalived来保障Nginx负载均衡器高可用，当Nginx主节点崩溃后，从节点能够自动接替其工作，但是负载层的吞吐量本质上没有多大的变化。

5.2   LVS

5.2.1   LVS 概述

LVS（Linux Virtual Server，Linux虚拟服务器）是一个虚拟的服务器集群系统，用于实现负载平衡，项目在1998年5月由章文嵩成立，是中国国内最早出现的自由软件项目之一。LVS

目前有3种IP负载均衡技术（VS/NAT、VS/TUN和VS/DR），以及10种调度算法（rrr、wrr、lc、wlc、lblc、lblcr、dh、sh、sed和nq）。

现在LVS已经是 Linux标准内核的一部分，在Linux 2.4内核以前，使用LVS时必须重新编译内核以支持LVS功能模块，但是从Linux 2.4内核以后，已经完全内置了LVS的各个功能模块，无须给内核打任何补丁，可以直接使用LVS提供的各种功能。

LVS技术要达到的目标是通过LVS提供的负载均衡技术和Linux操作系统实现一个高性能、高可用的服务器群集，它具有良好的可靠性、可扩展性和可操作性，从而以低廉的成本实现最优的服务性能。

5.2.2　Nginx+Keepalived+LVS 保障高可用、高性能

在5.1节的案例中，假如这家医药企业继续扩大系统的使用范围，并不断增加新的功能，原本的系统流量不断增加，为了应对这样的情况，架构师开始考虑在保证负载层足够稳定的情况下，让系统有更大的访问吞吐量，在这个版本中我们加入LVS技术。LVS负载第一层负载，然后将请求转发到后端的若干台Nginx上。这里使用LVS的DR工作模式，Nginx收到请求并处理完成后，将请求结果直接发送到请求方，不会再经过LVS回发，具体如图5-3所示。

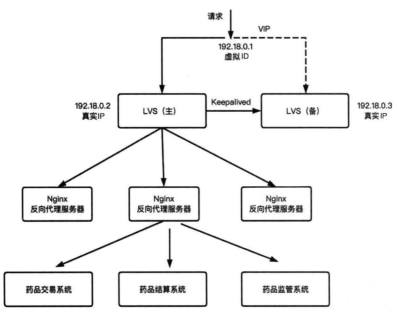

图 5-3　Nginx+Keepalived+LVS 高可用/高性能架构

LVS一样使用Keepalived，保证LVS主备节点高可用，Nginx不再是单节点，而是使用多个节点组成的集群。

5.3　DNS

5.3.1　DNS 概述

计算机在网络上进行通信时只能识别如202.96.134.133之类的IP地址，而不能识别域名。我们无法记住10个以上IP地址的网站，所以访问网站时更多的是在浏览器地址栏中输入域名。这是因为有一个叫"DNS服务器"的计算机自动把我们的域名"翻译"成了相应的IP地址，然后调出IP地址所对应的网页。

DNS（Domain Name System，域名系统）是互联网的一项服务。它作为将域名和IP地址相互映射的一个分布式数据库，能够使人更方便地访问互联网。DNS就类似于地址簿，根据名称就可以查看具体的地址。与之类似，可以根据域名查找到对应的IP地址。例如，DNS服务器可以将www.ay.com转换为数字IP地址192.168.0.1，供计算机用于相互连接。

DNS树形结构如图5-4所示。

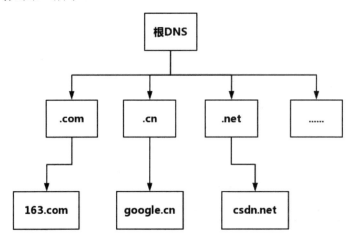

图 5-4　DNS 树形结构

- 根DNS服务器：返回顶级域DNS服务器的IP地址。
- 顶级域DNS服务器：返回权威DNS服务器的IP地址。
- 权威DNS服务器：返回相应主机的IP地址。

由此可见，DNS在日常生活中扮演着非常重要的角色，每个人上网都需要访问它。但是，这对它来讲也是非常大的挑战。一旦DNS出现故障，整个互联网都将瘫痪。另外，上网的人分布在全世界各地，如果大家都去同一个地方访问某一台服务器，时延将会非常大。因而，DNS服务器一定要设置成高可用、高并发和分布式的。

5.3.2　DNS 解析过程

举一个例子，www.huangwenyi.org域名和IP地址198.35.26.96相对应。DNS就像是一个自动的电话号码簿，我们可以直接拨打198.35.26.96的名字www.huangwenyi.org来代替电话号码（IP地址）。DNS在我们直接调用网站的名字以后，就会将www.huangwenyi.org转化成像198.35.26.96一样便于机器识别的IP地址。

DNS查询有两种方式：递归和迭代。DNS客户端设置使用的DNS服务器一般都是递归服务器，它负责全权处理客户端的DNS查询请求，直到返回最终结果。而DNS服务器之间一般采用迭代查询方式。

以查询www.huangwenyi.org为例：

（1）客户端发送查询报文query www.huangwenyi.org至本地DNS服务器，本地DNS服务器由用户的网络服务商（如电信、移动等）自动分配，它通常就在用户的网络服务商的某个机房。

（2）本地DNS收到来自客户端的请求，DNS服务器首先检查自身缓存，如果存在记录则直接返回结果。

（3）如果记录不存在，则DNS服务器向根域名服务器发送查询报文query www.huangwenyi.org，根域名服务器返回顶级域.org的顶级域名服务器地址。

（4）DNS服务器向.org域的顶级域名服务器发送查询报文query www.huangwenyi.org，得到二级域.huangwenyi.org的权威域名服务器地址。

（5）DNS服务器向.huangwenyi.org域的权威域名服务器发送查询报文query www.huangwenyi.org，得到主机www.huangwenyi.org的IP地址（A记录），存入自身缓存并返回给客户端，具体流程如图5-5所示。

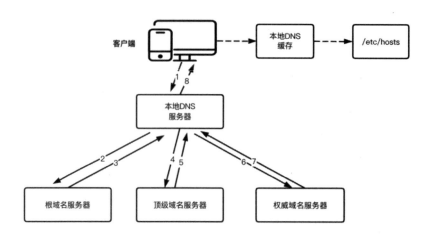

图 5-5   DNS 域名解析过程

5.3.3   DNS 负载均衡

在前面章节中，我们讲过用DNS域名解析进行负载均衡（具体参考2.9.2节），DNS可以用于内部负载均衡，也可以用于全局负载均衡。

1. 内部负载均衡

应用要访问数据库，一般在应用中配置数据库的域名而不是IP地址，因为一旦这个数据库因为某种原因切换到另一台机器上，且有多个应用都配置了这台数据库的话，一换IP地址就需要将这些应用全部修改一遍。但是如果配置了域名，则只要在 DNS 服务器中将域名映射为新的IP地址即可。这是DNS内部负载均衡的简单应用。

2. 全局负载均衡

DNS还可以根据地址和运营商做全局的负载均衡,不同运营商的客户可以访问相同运营商机房中的资源。另外，我们还希望北京的用户访问北京的数据中心，上海的用户访问上海的数据中心，这样客户体验就会非常好，访问速度就会超快。这就是全局负载均衡的概念。

5.3.4   DNS+LVS+Nginx+Keepalived

对之前的方案进一步优化,我们可以使用DNS轮询技术将客户端的请求分发到两个独立的负载均衡器上，具体如图5-6所示。

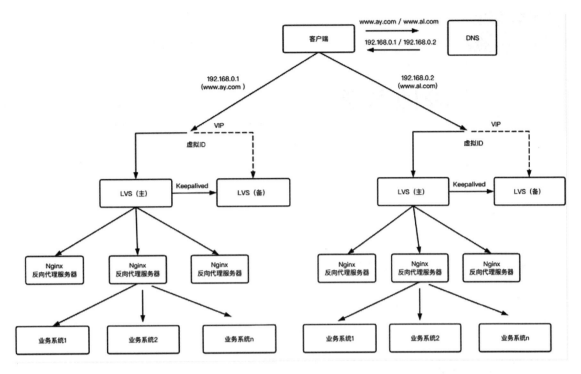

图 5-6　DNS+LVS+Nginx+Keepalived

通过DNS的智能解析，将业务系统的访问压力分摊到两个对称的LVS组上，再由每个组继续分拆访问压力。业务系统使用不同的域名进行拆分，LVS下方的Nginx服务理论上可以实现无限制地拆分，Nginx本身不需要Keepalived来保证高可用，而是全部交由上层的LVS进行健康检查。

## 第 6 章

异地多活

本章内容主要包括异地多活概述、异地多活的类型（同城异区多活、跨城异地多活、跨国异地多活3种）。

6.1　异地多活概述

异地多活指分布在异地的多个站点同时对外提供服务的业务场景。异地多活是高可用架构设计的一种，与传统的灾备设计的主要区别在于"多活"，即所有站点同时对外提供服务。

因此，判断系统是否符合异地多活需要满足两个标准：

- 业务正常时，用户无论访问哪一个地点的业务系统都能够得到正确的响应。
- 业务异常时，用户访问其他地方正常的业务系统能够得到正确的响应。

中国有句古话叫"天灾人祸"，"天灾"难以预测，例如火灾、地震、水灾等，在这些极端的场景下，会导致所有的服务出现故障，想把服务恢复需要耗费大量的时间，可能是1天、2天甚至更久，如果期望达到即使在此类灾难性故障的情况下业务也不受影响，或者在几分钟内就能够很快恢复，那么就需要设计异地多活架构。

异地多活的优点是功能强大，提供更好的体验，可以减少业务中断带来的损失。但是异地多活必然带来更高的代价和更复杂的架构设计。如果公司无法承受异地多活带来的复杂度和成本，可以只做异地备份，不做异地多活。业务中断后对用户影响很大的系统需要做异地多活。同时，业务规模很大，中断后影响收入的系统需要做异地多活。

6.2　异地多活的类型

异地多活根据地理位置上的距离分为同城异区多活、跨城异地多活、跨国异地多活3种类型。

1. 同城异区多活

同城异区多活就是将业务部署在同一个城市不同区的多个机房，例如服务部署在厦门的两个机房，一个在湖里区，另一个在集美区。同城部署的优点是设计复杂度非常低，成本相对较低，同城异区的两个机房能够实现和同一个机房内几乎一样的网络传输速度；缺点是无法应对极端灾难。

我们以阿里云提供的公共云同城容灾为例，具体参考图6-1。

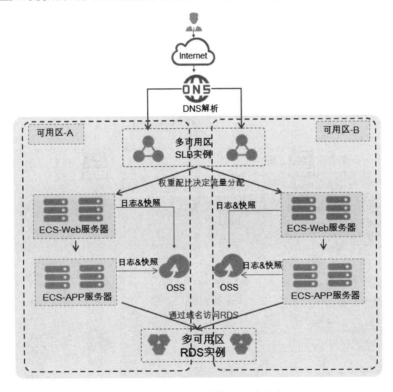

图 6-1　阿里云同城容灾解决方案

架构说明如下：

（1）在同城不同可用区之间对原有应用架构做一套完整的备份，SLB、ECS、RDS等均在两个机房同时部署。

（2）前端部署DNS解析，如果某个可用区出现像IDC机房断电或者火灾等机房级故障，可以通过前端切换DNS来及时恢复业务。

（3）可用区之间高速、低延时互联，快速复制数据。

机房之间的延迟和距离有很大的关系，这一点很好理解。同地多机房专线，延迟1ms~3ms；异地多机房专线，延迟50ms左右；跨国多机房，延迟200ms左右。

2. 跨城异地多活

跨城异地多活是指业务部署在不同城市的多个机房，而且距离最好远一些。例如部署在北京和厦门两个机房。跨城部署的优点是可以有效应对范围较大的极端灾难，缺点是架构复杂度很高。

同样以阿里云提供的公共云同城容灾为例，具体参考图6-2。

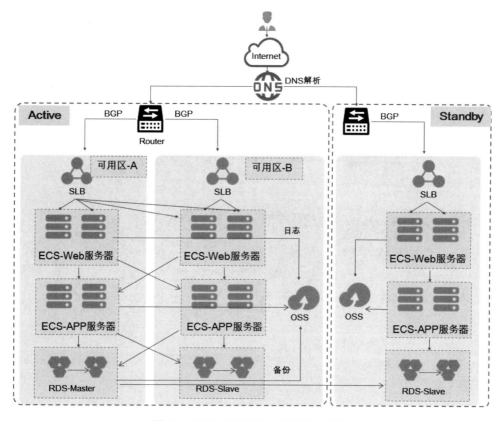

图6-2　阿里云异地容灾推荐解决方案

架构说明如下：

（1）在不同地域、不同可用区中均对原有应用架构做一套完整的备份。

（2）不同地域之间可以采用阿里云的高速通道进行私网通信，保障数据库之间的数据实时同步，将数据传输延迟降到最低。

（3）故障发生时可以通过前端DNS实现秒级切换，及时恢复业务。

（4）这种容灾架构方式既可以解决单机房故障，也可以应对像地震等灾难性故障。

跨城多活的应用场景：对数据一致性要求不那么高，或者数据不怎么改变，或者即使数据丢失影响也不大的业务。

3. 跨国异地多活

跨国异地多活指的是业务部署在不同国家的多个机房。相比跨城异地多活，跨国异地多活的距离就更远了，因此数据同步的延时会更长，正常情况下可能就有几秒钟了。跨国多活更多的是为不同地区的用户提供服务，例如中国国内的抖音以及面向海外的抖音TikTok。

6

## 第 7 章

高可用之全链路监控、告警

本章主要介绍监控告警的意义、全链路监控、告警规则、日志监控/告警方案、资源监控/告警方案、链路追踪监控等内容。

7.1 监控/告警概述

7.1.1 监控/告警的意义

回顾前面的内容，可以用SLA来衡量系统的可用性，而提高SLA只有两个方法：提高系统的可用时长和降低系统的不可用时长。很明显监控告警无法提高系统的可用时长，但是可以降低系统的不可用时长。通过对系统进行全链路的监控，当系统出现异常时，研发人员通过收到的告警信息（短信、邮件等）第一时间感知错误，通过各种监控数据（例如日志信息、资源信息、链路信息等）快速定位问题，修复问题，最终解决问题，缩短系统的不可用时间，及时止损。

全链路监控就好比无时无刻不断对人身体做各种检查（查血、查尿、影像学检查），虽然做了各式各样的检查，但是检查的各项指标可能会重复，这就要求监控指标不重复。

7.1.2　全链路监控

想要搭建全链路监控，第一步是弄清楚需要监控哪些资源。全链路监控，需要监控的资源主要包括（见图7-1）：

- 基础层监控：监控主机和底层资源，例如操作系统、硬件设备等。操作系统资源包括CPU、内存、网络吞吐。硬件设备资源包括硬盘I/O、硬盘使用量等。这个层次的监控对应的是系统的IaaS层。
- 中间层监控：就是中间件层的监控，主要是第三方开发的代码，比如Nginx、Redis、ActiveMQ、Kafka、MySQL、Tomcat等。这些中间件往往自带配套的监控系统。
- 应用层监控：监控应用层，例如监控接口的每秒查询率、响应时间、错误次数、返回码以及调用链路监控。特别是在分布式架构场景，服务的调用链路有时候会特别长，比如从Nginx层、内网网关、应用、数据库等，如果可以把请求经过的链路监控起来，能极大地提高排查问题的效率。目前有很多这种开源的产品，例如SkyWalking、美团的CAT等。
- 业务层监控：业务层监控和业务的联系比较紧密，监控指标数据由业务系统提供，例如交易金额、活跃用户、注册用户数等。一般情况下业务数据没问题，系统基本也没问题。

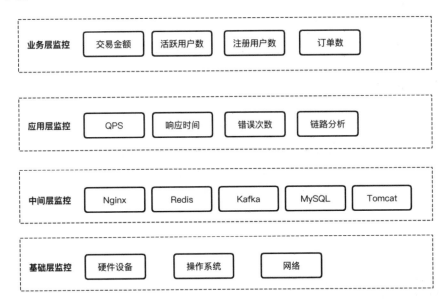

图 7-1　全链路监控

7.1.3　告警规则

清楚了需要监控哪些资源以及哪些指标，接下来就要根据执行指标制定告警规则，实例如下：

（1）CPU使用率超过90%，发出告警信息。

（2）内存（操作系统、Redis等缓存）使用率超过80%，发出告警信息。

（3）ERROR级别日志，且数量超过X条，发出告警信息。

（4）应用服务宕机，服务健康检查异常，发出告警信息。

（5）HTTP请求的响应时间超过5s，发出告警信息。

……

告警规则是否可以支持，更多依赖于告警组件，例如ElastAlert支持以下告警类型（规则）：

- frequency类型：匹配当Y时间段内有X个事件时。
- spike类型：匹配事件发生率上升或者下降。
- flatline类型：匹配当Y时间段内X的时间小于一定值时。
- blacklist和whitelist类型：匹配当某个值符合白名单或者黑名单时。
- any类型：匹配任何符合过滤器的时间。
- change类型：匹配到一段时间内某字段有两个不同的值。

7.1.4　发送告警

告警无疑是监控中非常重要的环节，虽然监控数据可视化了，也非常容易观察到系统的运行状态。但我们很难做到时刻盯着监控，所以需要程序来帮助我们巡检并自动告警，这个程序是幕后英雄，保障业务的稳定性就靠它了。例如ELK日志系统中的ElastAlert组件、Promethous资源监控中的Promethous组件就属于这些幕后英雄。

满足告警规则触发告警后，就可以发送告警，可以通过短信、邮箱、钉钉等方式通知相关人员。

7.1.5　监控系统通用设计

监控系统应该包含3个基础模块：

（1）monitor-client：提供给业务方或者中间层进行埋点的底层SDK。

（2）monitor-server：是一个进程服务，分析客户端提供的埋点数据。

（3）monitor-console：是一个后端控制台进程，用于查看监控数据。

监控系统底层通用设计如图7-2所示。

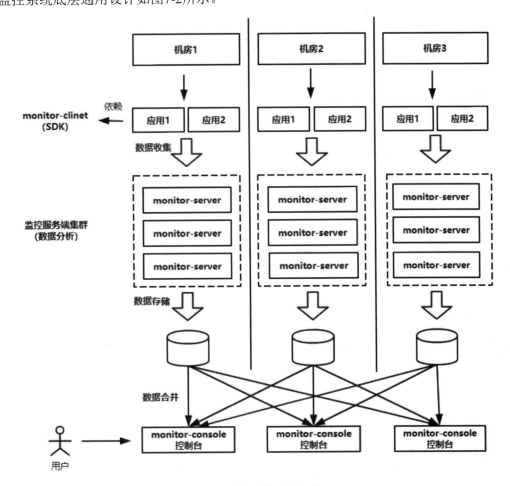

图 7-2　监控系统通用架构

7.1.6　监控体系案例

对于一流的互联网公司，一般都会选择自研属于本公司的一体化监控系统，比如美团的CAT系统。但是对于大多数中小型企业，开发这样的一体化监控系统需要投入巨大的人力成本。相信很多中小企业并没有过多的精力去做。这里推荐一个比较适合中小型企业使用的一体化监控方案，具体如图7-3所示。

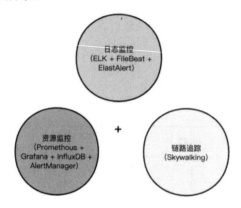

图 7-3　开源监控体系三剑客

（1）日志系统+监控告警：ELK + ElastAlert。

（2）资源监控：Promethous + Grafana + InfluxDB + AlertManager。

（3）链路追踪：Skywalking。

　　这套监控方案会在后续为读者详细展开，监控体系三剑客所涉及的技术栈都是目前主流和成熟的产品，有完整的帮助文档，容易部署。当然，如果公司资金允许，可以购买云厂商提供的监控方案。

7.2　日志监控/告警方案

7.2.1　ELK 日志系统

　　随着系统服务数量越来越多，对于一次业务调用，可能需要经过多个服务模块处理。不同的服务可能由不同的团队开发，并且分布在不同的网络节点，甚至可能在多个地域的不同机房内。在异常发生时，排查代码错误会变得非常困难。

　　系统服务产生的日志可以粗略分为非结构化日志和结构化日志两种。

　　（1）非结构化日志

　　非结构化日志主要面向人，也就是写给人看的，例如：

```
### 非结构化日志
logger.info("class:TraditionLogController and method:say and the param1 is :"
```

```
+ param1 + " the param2 is :" + param2);
```

日志打印没有任何的标准格式，基本都是字符拼接而成的字符串。

（2）结构化日志

结构化日志主要面向机器，是写给机器看的，例如：

```
{
    "log":{
        "http_cdn":"-",
        "remote_addr":"10.10.34.117",
        "request":"POST /strategy/collect/get HTTP/1.0",
        "first_byte_commit_time":"1",
        "body_bytes_sent":"6141",
        "server_addr":"10.238.38.7",
        "sent_http_content_length":"-",
        "@timestamp":"2019-02-03T12:28:16+0800",
        "request_time":"0.001",
        "host":"cpg.meitubase.com",
        "http_x_forwarded_for":"223.104.23.179, 10.10.34.45",
        "http_x_real_ip":"10.10.34.45",
        "category":"access",
        "content_length":"116",
        "status":"200"
    },
    "stream":"stdout",
    "@version":"1",
    "topic":"k8s_user-web_stdout",
    "time":"2019-02-03T04:28:16.181977586Z"
}
```

上述日志是标准的、轻量级的JSON结构化数据，统一的日志格式便于日志系统的统一处理。

传统的应用日志由于日志量小，更多的是面向人，而分布式微服务架构背景面对大数据日志处理，已超过人工所能处理的范围，更多的是面向机器。

日志系统的架构很多，目前流行的开源解决方案（自研除外）不外乎以下几种：

ELK：Elasitcsearch + Logstash + Kibana。

EFK：Elasitcsearch + Fluentd + Kibana。

EBK：Elasitcsearch + Filebeat + Kibana。

传统的ELK架构如图7-4所示。

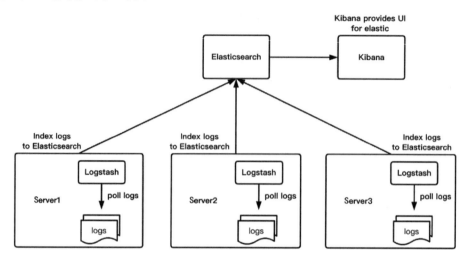

图 7-4   传统的 ELK 架构

日志收集的软件也很多，比如Logstash、Fluentd、Filebeat，本书不对比这几款软件之间的优缺点，读者只要记住一句话：Filebeat更轻量，占用资源更少，所占系统的CPU和内存几乎可以忽略不计。因此，可以采用ELK+Filebeat作为我们的日志系统。

Filebeat代理部署在机器上，用来收集服务日志并将日志推送到Logstash组件，Logstash对收集的日志进行解析和过滤，并保存到Elasitcsearch，最后通过Kibana查询日志和相关报表统计，具体架构如图7-5所示。

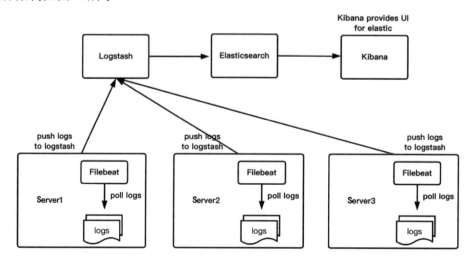

图 7-5   ELK+Filebeat 简单原理

日志集中式管理后，就可以方便地对所有日志进行统一检索。如果所有日志都可以放在一起检索，自然就能高效地定位到问题，而不再需要到各个应用程序的日志里面去分别检索。

7.2.2　日志告警

ELK 本身只提供了一套基础的日志管理框架，这样还不够，因为日志系统仅解决收集应用系统、服务、中间件等日志，并提供高效的搜索能力以及报表，但是当应用系统、服务、中间件等出现异常时，开发人员是感知不到错误的，需要进一步引入监控组件，例如ElastAlert。ElastAlert根据配置的规则检测到异常日志时，第一时间通过邮件、钉钉、微信、短信等形式发出告警，通知开发人员介入处理。

ElastAlert是Yelp公司开发的一款基于Elasticsearch的告警系统，开发语言基于Python，支持Elasticsearch的各个版本。程序的主要功能是从Elasticsearch中查询出匹配规则类型的数据进行告警。具体架构如图7-6所示。

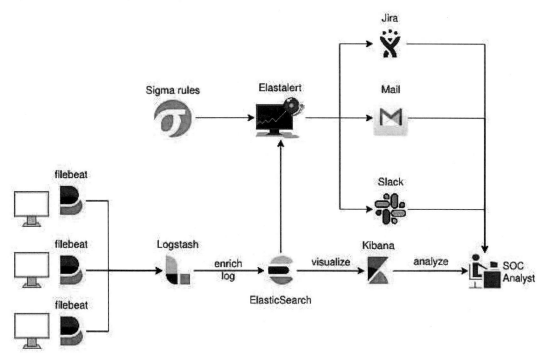

图 7-6　ELK + Filebeat + ElastAlert 架构

ElastAlert支持的告警类型（规则）主要包括：

- frequency类型：匹配当Y时间段内有X个事件时。

- spike类型：匹配事件发生率上升或者下降。
- flatline类型：匹配当Y时间段内X的时间小于一定值时。
- blacklist和whitelist类型：匹配当某个值符合白名单或者黑名单时。
- any类型：匹配任何符合过滤器的时间。
- change类型：匹配到一段时间内某字段有两个不同的值。

所以，可以根据日志的数值、日志级别（例如：ERROR级别日志）等维度设置规则自动告警。比如API错误率超过10%，或者90%的API请求时间超过1s，就会自动触发告警，通知相关的开发人员进行维护。

除了丰富的告警类型外，ElastAlert还支持更多告警的配置，例如避免重复告警配置、聚合相同告警配置、告警内容格式化等。更多配置内容可参考ElastAlert官网：https://elastalert.readthedocs.io/en/latest/。

搭建一整套日志管理系统可以帮助我们快速地对日志进行检索，可以根据图表看数据走势，可以通过对日志分析结果的监控设置自动告警的规则，第一时间了解系统故障。

7.3 资源监控/告警方案

7.3.1 监控概述

在分布式的微服务架构中，当系统从单个节点扩张到很多节点的时候，如果系统的某个节点出现问题，对于运维和开发人员来说，定位可能就会变成一个挑战。其次，当新的业务进来以后，要考虑系统能否支持、系统运行的状况以及容量规划怎么做。我们可以通过监控手段对系统进行衡量，或者做一个数据支撑。另外，还要理解分布式系统是什么样的拓扑结构、如何部署、系统之间如何通信、系统目前的性能状况如何以及出了问题怎么去发现它。这些都是分布式系统需要面对的问题。出现这些问题后，监控就是一个比较常用、有效的手段。总的来说，监控主要解决的是感知系统的状况。

监控系统的组成主要涉及4个环节：数据收集、数据传输、数据处理和数据展示。不同的监控系统实现方案在这4个环节所使用的技术方案不同，适合的业务场景也不一样。

目前业界主流主要使用Promethous+Grafana+InfluxDB来打造企业监控系统。当然，还是那句话：脱离业务的架构都是不正确的，要结合企业自身的业务情况选择合适的监控平台。

7.3.2 Promethous+Grafana+InfluxDB

Prometheus（普罗米修斯）是一套开源的监控&报警&时间序列数据库的组合，Prometheus
由两个部分组成，一个是监控告警系统，另一个是自带的时序数据库。官方架构如图7-7所示。

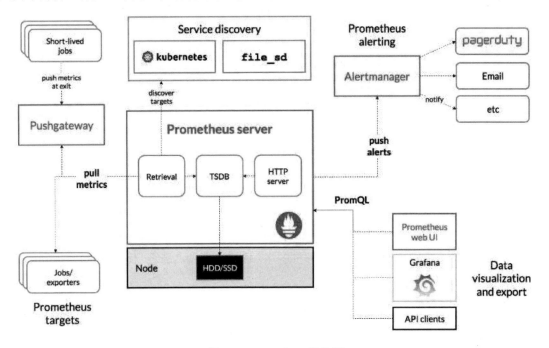

图 7-7 Prometheus 架构图

- Prometheus Server：负责定时在目标上抓取Metrics数据，每个抓取目标都需要暴露一
  个HTTP服务接口用于Prometheus定时抓取。这种调用被监控对象获取监控数据的方式
  称为pull方式。

  但某些现有系统是通过push方式实现的，为了接入这个系统，Prometheus提供对
  PushGateway的支持，这些系统主动推送Metrics到PushGateway，而Prometheus只是定
  时去Gateway上抓取数据。Prometheus甚至可以从其他的Prometheus获取数据，以组建
  联邦集群。

- AlertManager：是独立于Prometheus的一个组件，在触发了预先设置在Prometheus中的
  高级规则后，Prometheus便会推送告警信息到AlertManager。

- Prometheus WebUI：数据展现除了Prometheus自带的WebUI外，还可以通过Grafana等
  组件查询Prometheus的监控数据。

Prometheus内部主要分为三大块，Retrieval负责定时到暴露的目标页面上去抓取采样指标数据，Storage负责将采样数据写入磁盘，PromQL是Prometheus提供的查询语言模块，如图7-8所示。

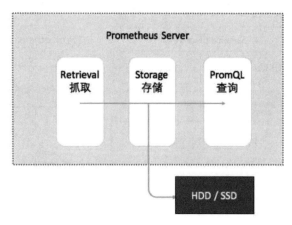

图 7-8　Prometheus Server 简单架构

Prometheus通过HTTP接口的方式从各种客户端获取数据，这些客户端必须符合Prometheus监控数据格式，通常有两种方式：

（1）侵入式埋点监控，通过在客户端集成，Kubernetes API等直接引入Prometheus go client提供/metrics接口查询kubernetes API的各种指标。

（2）通过Exporter方式在外部将原来各种中间件的监控支持转化为Prometheus的监控数据格式，如Redis Exporter将Reids指标转化为Prometheus能够识别的HTTP请求。

Prometheus为了支持各种中间件以及第三方的监控提供了Exporter，读者可以把它理解成监控适配器，将不同指标类型和格式的数据统一转化为Prometheus能够识别的指标类型。如图7-9所示。

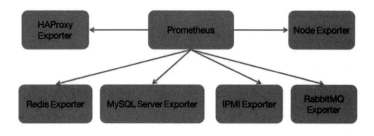

图 7-9　Prometheus Exporter

例如Node Exporter主要通过读取Linux的/proc以及/sys目录下的系统文件获取操作系统运行状态，Reids Exporter通过Reids命令行获取指标，MySQL Exporter通过读取数据库监控表获取MySQL的性能数据，将这些异构的数据转化为标准的Prometheus格式并提供HTTP查询接口。

其他Prometheus支持的Exporter请参考官网：https://prometheus.io/docs/instrumenting/exporters/了解更多的详情。

Prometheus支持两种存储方式：

（1）本地存储。通过Prometheus自带的时序数据库TSDB将数据保存到本地磁盘。为了性能考虑，建议使用SSD。但本地存储的容量毕竟有限，建议不要保存超过一个月的数据。Prometheus本地存储经过多年改进，自Prometheus 2.0后提供的V3版本TSDB性能已经非常高，可以支持单机每秒1000万个指标的收集。Prometheus本地数据存储能力一直为用户诟病，但Prometheus本地存储设计的初衷就是为了监控数据的查询，Facebook发现85%的查询是针对26小时内的数据。所以Prometheus本地时序数据库的设计更多考虑的是高性能，而非分布式大容量。

（2）远程存储。适用于存储大量监控数据，目前Prometheus支持OpenTSDB、InfluxDB、Elasticsearch等后端存储，通过适配器实现Prometheus存储的remote write和remote read接口，便可以接入Prometheus作为远端存储使用。

InfluxDB是一个开源的时序型数据，由Go语言编写，用于高性能地查询与存储时序型数据。InfluxDB被广泛应用于存储系统的监控数据。因此，可以使用InfluxDB存储监控数据。

Grafana是一款由Go语言编写的开源应用，主要用于大规模指标数据的可视化展现，是网络架构和应用分析中最流行的时序数据展示工具，目前已经支持绝大部分常用的时序数据库。

监控系统的总体流程为：根据要监控的对象资源选择不同的Exporter。例如Redis使用Reids Exporter，MySQL使用MySQL Exporter。Exporter将获取到的监控指标转化为Prometheus的监控数据格式，并转化为Prometheus能够识别的HTTP请求。Prometheus通过pull方式定时拉取监控指标并存入InfluxDB时序数据库，最后通过Grafana进行可视化展示。

下面列举企业常用的监控报表。

案例一：机器监控，如图7-10所示。

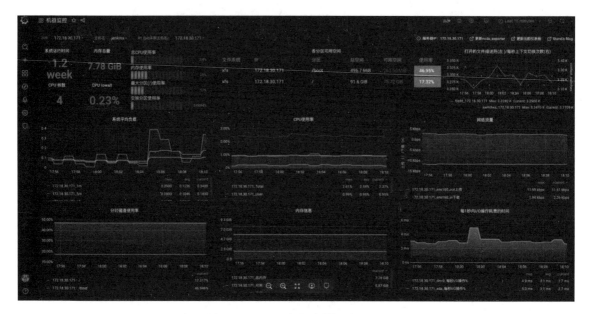

图 7-10　Prometheus 机器监控报表

案例二：JVM监控，如图7-11所示。

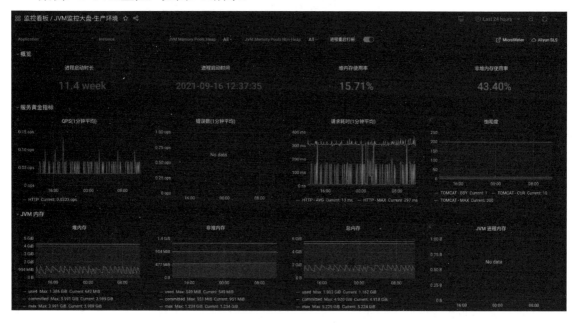

图 7-11　Prometheus JVM 监控报表

案例三：域名可用率监控，如图7-12所示。

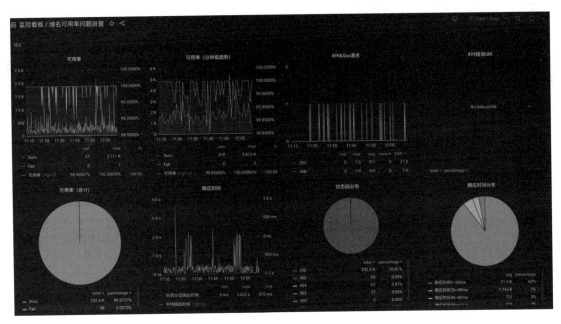

图 7-12　Prometheus 域名可用率监控报表

7.3.3　其他开源监控

在Prometheus之前市面上已经出现了很多监控系统，如Zabbix、Open-Falcon等。那么Prometheus和这些监控系统有什么异同呢？我们先简单回顾一下这些监控系统。

1. Zabbix

Zabbix简单架构如图7-13所示。

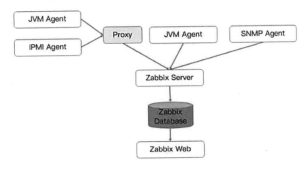

图 7-13　Zabbix 架构

Zabbix的是由Alexei Vladishev开源的分布式监控系统，支持多种采集方式和采集客户端，同时支持SNMP、IPMI、JMX、Telnet、SSH等多种协议，它将采集到的数据存放到数据库中，然后对其进行分析整理，如果符合告警规则，则触发相应的告警。

Zabbix的核心组件主要是Agent和Server，其中Agent主要负责采集数据并通过主动或者被动的方式采集数据发送到Server/Proxy，除此之外，为了扩展监控项，Agent还支持执行自定义脚本。Server主要负责接收Agent发送的监控信息，并进行汇总存储、触发告警等。

为了便于快速高效地配置Zabbix监控项，Zabbix提供了模板机制，从而实现批量配置的目的。

Zabbix Server将收集的监控数据存储到Zabbix Database中。Zabbix Database支持常用的关系型数据库，例如MySQL、PostgreSQL、Oracle等，默认为MySQL。Zabbix Web页面（PHP编写）负责数据查询。Zabbix由于使用了关系型数据存储时序数据，因此在监控大规模集群时常常在数据存储方面捉襟见肘。为此Zabbix 4.2版本后也开始支持时序数据存储，不过目前还不成熟。

2. Open-Falcon

Open-Falcon是小米开源的企业级监控工具，用Go语言开发而成，包括小米、滴滴、美团等在内的互联网公司都在使用它，是一款灵活、可扩展并且高性能的监控方案。Open-Falcon技术架构如图7-14所示。

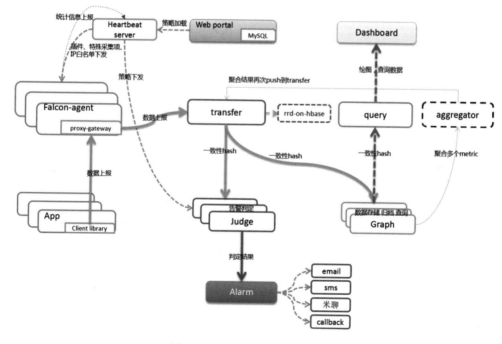

图 7-14　Open-Falcon 技术架构

Open-Falcon主要组件包括：

- Falcon-Agent：用Go语言开发的Daemon程序，运行在每台Linux服务器上，用于采集主机上的各种指标数据，主要包括CPU、内存、磁盘、文件系统、内核参数、Socket连接等，目前已经支持200多项监控指标。并且，Agent支持用户自定义的监控脚本。
- Heartbeat Server：简称HBS心跳服务，每个Agent都会周期性地通过RPC方式将自己的状态上报给HBS，主要包括主机名、主机IP、Agent版本和插件版本，Agent还会从HBS获取自己需要执行的采集任务和自定义插件。
- Transfer：负责接收Agent发送的监控数据，并对数据进行整理，在过滤后通过一致性Hash算法发送到Judge或者Graph。
- Graph：RRD数据上报、归档、存储的组件。Graph在收到数据以后，会以RRDtool的数据归档方式来存储，同时提供RPC方式的监控查询接口。
- Judge：告警模块，Transfer转发到Judge的数据会触发用户设定的告警规则，如果满足，则会触发邮件、微信或者回调接口。这里为了避免重复告警引入了Redis暂存告警，从而完成告警的合并和抑制。
- Dashboard：面向用户的监控数据查询和告警配置界面。

7.3.4　AlertManager 告警

前面讲过Prometheus的告警功能主要是利用Alertmanager这个组件。Alertmanager主要用于接收Prometheus发送的告警信息，当Alertmanager接收到Prometheus端发送过来的Alerts时，Alertmanager会对Alerts进行去重复、分组，并按标签内容发送到不同告警组，包括邮件、微信、Webhook。

7.4　链路追踪监控

业界比较有名的服务追踪系统实现有美团的CAT、阿里的鹰眼、Twitter开源的OpenZipkin，还有Naver开源的Pinpoint，它们都是受Google发布的Dapper论文启发而实现的。

服务追踪系统的实现主要包括3个部分：

（1）在服务端进行埋点，收集埋点数据。

（2）通过收集到的链路信息进行实时数据处理，按照traceId和spanId进行串联和存储。

（3）把处理后的服务调用数据按照调用链的形式展示出来。

Pinpoint是开源的支持Java语言的服务追踪系统，其简单架构如图7-15所示。

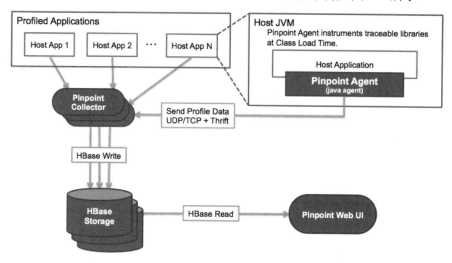

图 7-15　Pinpoint 架构图

Pinpoint主要组成部分如下：

（1）Pinpoint Agent：通过Java字节码注入的方式来收集JVM中的调用数据，通过UDP协议传递给Collector，数据采用Thrift协议进行编码。

（2）Pinpoint Collector：收集Agent传过来的数据，然后写到HBase Storage中。

（3）Pinpoint Web UI：通过Web UI展示服务调用的详细链路信息。

我们该如何选择链路追踪系统呢？

从支持的语言来说，OpenZipkin提供了不同语言的库，例如C#、Go、Java、JavaScript、Ruby、Scala、PHP等，而Pinpoint目前只支持Java语言。

从系统集成难易程度上看，Pinpoint要比OpenZipkin简单。因为Pinpoint是通过字节码注入的方式来实现拦截服务调用，从而收集Trace信息的，所以不需要代码做任何改动。

从调用链路数据的精确度上看，Pinpoint要比OpenZipkin精确得多。OpenZipkin收集到的数据只到接口级别，Pinpoint不仅能够查看接口级别的链路调用信息，还能深入调用所关联的数据库信息。

总而言之，如果用户的业务是用Java语言实现的，那么可以采用Pinpoint作为链路追踪系统，如果用户的业务不是用Java语言实现的，或者采用了多种语言，那么毫无疑问应该选择OpenZipkin。

除此之外，Pinpoint不仅能看到服务与服务之间的链路调用，还能看到服务内部与资源层的链路调用，功能更为强大，如果用户有这方面的需求，Pinpoint可以很好地满足用户的需求。

除了OpenZipkin和Pinpoint外，国内的一款开源服务追踪系统SkyWalking的功能也很强大。SkyWalking是一款应用性能监控工具，对微服务、云原生和容器化应用提供自动化、高性能的监控方案。

SkyWalking提供了分布式追踪、服务网格（Service Mesh）遥感数据分析、指标聚合和可视化等多种能力，项目覆盖范围从一个单纯的分布式追踪系统扩展为一个可观测性分析平台（Observability Analysis Platform）和应用性能监控管理系统。它包括以下主要功能：

（1）基于分布式追踪的APM系统。满足100%分布式追踪和数据采集，同时对被监控系统造成的压力极小。

（2）云原生友好。支持通过以Istio和Envoy为核心的服务网格来观测和监控分布式系统。

（3）多语言自动探针，包括Java、.NET、NodeJS。

（4）运维简单，不需要使用大数据平台即可监控大型分布式系统。

（5）包含展示Trace、指标和拓扑图在内的可视化界面。

网络上也有人对OpenZipkin、Pinpoint以及SkyWalking这几个工具进行测试比对，得到的结论是每个产品对性能的影响都在10%以下，其中SkyWalking对性能的影响最小。

因此，企业选择使用SkyWalking作为链路追踪系统是一个不错的选择。

7

第 8 章

高可用与安全

 本章主要介绍高可用与安全、DoS/DDoS攻击与防护以及相关安全产品和工具。

8.1　高可用与安全概述

系统的高可用与系统安全息息相关，这是不可否认的事实。

首先，应用系统会经常遭受非法攻击，例如XSS攻击、SQL注入攻击、CSRF攻击以及DoS攻击等。这些非法攻击会导致系统数据泄露、系统宕机等一系列的问题，根据可用性的计算公式：可用性=可用时长/（可用时长+不可用时长），不可用时长增加必然会导致可用性降低，最终影响系统的高可用。

因此，学习与高可用相关的安全知识非常有必要。如果业务的开发和管理人员能够具备基础的安全知识，尽早做好安全规划，就能够以很低的成本满足公司前期的安全诉求。

不过安全知识涉及的内容方方面面，本书不可能在有限的篇幅中一一描述，只能挑选与高可用相关的安全知识进行介绍，同时会简单介绍目前主流的安全产品和安全工具。

8.2　DoS/DDos 攻击

8.2.1　DoS 攻击概述

DoS 攻击（Denial-of-Service Attack，拒绝服务攻击）也称洪水攻击，是一种网络攻击手法，其目的在于使目标计算机的网络或系统资源耗尽，使服务暂时中断或停止，导致其正常用户无法访问。DoS 是单机与单机之间的攻击。

DDoS攻击（Distributed Denial-of-Service Attack，分布式拒绝服务攻击）是黑客使用网络上两个或两个以上被攻陷的计算机作为"僵尸"向特定的目标发动"拒绝服务"式攻击。DDoS是DoS攻击的一种方法。DDoS攻击发起者一般针对重要服务和知名网站进行攻击，如银行、信用卡支付网关，甚至是根域名服务器等。

如何判断业务是否已遭受DDoS攻击？通常出现以下情况时，业务可能已遭受DDoS攻击：

（1）在网络和设备正常的情况下，服务器突然出现连接断开、访问卡顿、用户掉线等情况。

（2）服务器CPU或内存占用率出现明显增长。

（3）网络出方向或入方向流量出现明显增长。

（4）业务网站或应用程序突然出现大量的未知访问。

（5）登录服务器失败或者登录过慢。

8.2.2　DDoS 攻击的类型

DDoS攻击可以具体分成两种形式：带宽消耗型和资源消耗型。它们都是通过大量合法或伪造的请求占用大量网络以及资源，以达到瘫痪网络和系统的目的。

1. 应用层DDoS攻击

此类攻击有时称为第7层DDoS攻击（指OSI模型第7层），其目的是耗尽目标资源，如图8-1所示。

攻击目标是生成网页并传输网页响应HTTP请求的服务器层。在客户端执行一项HTTP请求的计算成本比较低，但目标服务器做出响应却可能非常昂贵，因为服务器通常必须加载多个文件并运行数据库查询才能创建网页。第7层攻击很难防御，因为难以区分恶意流量和合法流量。

8

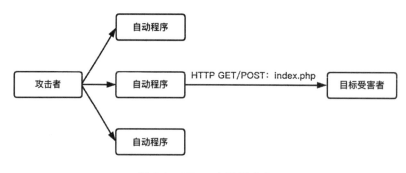

图 8-1　DDoS 应用层攻击

应用层DDoS攻击类似于同时在大量不同计算机的Web浏览器中一次又一次地按下刷新，大量HTTP请求涌向服务器，导致拒绝服务。

2. 传输层DDoS攻击

传输层DDoS攻击主要包括Syn Flood、Ack Flood、UDP Flood、ICMP Flood、RstFlood等（见图8-2）。以Syn Flood攻击为例，它利用了TCP的三次握手机制，当服务端接收到一个Syn请求时，服务端必须使用一个监听队列将该连接保存一定时间。因此，通过向服务端不停地发送Syn请求，但不响应Syn+Ack报文，从而消耗服务端的资源。当监听队列被占满时，服务端将无法响应正常用户的请求，以达到拒绝服务攻击的目的。

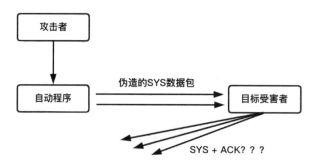

图 8-2　传输层 DDoS 攻击

3. DNS DDoS攻击

DNS DDoS攻击主要包括DNS Request Flood、DNS Response Flood、DNS Query Flood、权威服务器攻击等。以DNS Query Flood攻击为例，其本质上执行的是真实的Query请求，属于正常业务行为。但如果多台傀儡机同时发起海量的域名查询请求，服务端无法响应正常的Query请求，从而导致拒绝服务。

DDoS攻击类型繁多，这里只简单列举了几种。

8.2.3　DoS/DDoS 攻击防护

DoS/DDoS攻击的防御方式通常为入侵检测、流量过滤和多重验证，旨在将堵塞网络带宽的流量过滤掉，而正常的流量可正常通过。

1. 防火墙

防火墙可以设置规则，例如允许或拒绝特定通信协议、端口或IP地址。当攻击从少数不正常的IP地址发出时，可以简单地使用拒绝规则阻止一切从攻击源IP发出的通信。

复杂攻击难以用简单的规则来阻止，例如80端口（网页服务）遭受攻击时不可能拒绝端口所有的通信，因为其同时会阻止合法流量。此外，防火墙可能处于网络架构中过后的位置，路由器可能在恶意流量达到防火墙前即被攻击影响。然而，防火墙能有效地防止用户从启动防火墙后的计算机发起攻击。

2. 路由器/交换机

路由器、交换机、硬件防火墙等设备要尽量选用知名度高、口碑好的产品。大多数交换机有一定的速度限制和访问控制能力。有些交换机提供自动速度限制、流量整形、后期连接、深度包检测和假IP过滤功能，可以检测并过滤拒绝服务攻击。

3. 带宽保证

网络带宽直接决定了能抗受攻击的能力，假若仅仅只有10MB带宽的话，无论采取什么措施都很难对抗现在的SYN Flood攻击。所以，最好选择100MB的共享带宽，挂在1000MB的主干上。

4. 流量清洗

当获取到流量时，通过DDoS防御软件的处理将正常流量和恶意流量区分开，正常流量回注客户网站，恶意流量则屏蔽。这样一来站点能够保持正常地运作，仅仅处理真实用户访问网站带来的合法流量。

5. SYN Cookie缓解SYN Flood攻击

产生SYN Flood（一种DoS攻击方式）：在建立三次握手（完整流程见图8-3）时，第二次和第三次握手双方分别分配缓存和变量供建立连接使用。在第一次握手时，如果攻击者不断发

8

送TCP SYN包给服务器，就会造成服务器很大的系统开销，进而导致系统不能正常工作。

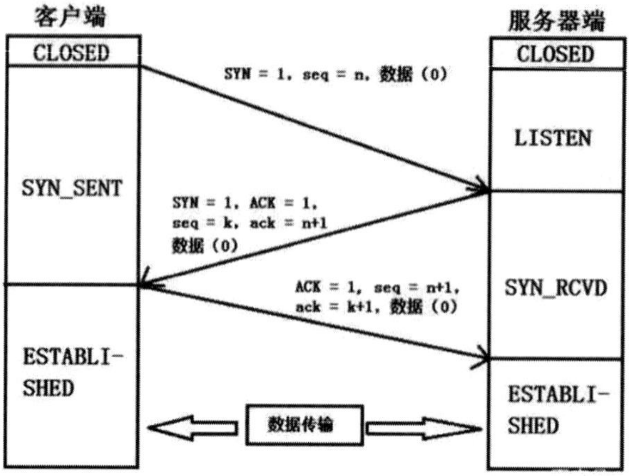

图 8-3　三次握手完整流程

解决方法：SYN Cookie就是在服务器端第一次收到客户端的SYN包时不分配数据区，而是通过seq计算一个Cookie值附带到SYN ACK的初始序列号（在第二次握手的包中）中，下一次（即第三次握手）如果序列号 = 初始序列 + 1就分配资源（这里说明一下，第一次客户端seq是一个随机数，服务器收到后也发送seq随机数，但是ACK的值却是客户端的seq+1，客户端也是这样，客户端ACK的值是服务器的seq+1）。简单来说，就是发送给客户端，返回消息检查后才分配资源，之前是一来就分配好了。

8.3　安全产品/工具

8.3.1　WAF 概述

WAF（Web Application Firewall，Web应用防护系统）的本质是"专注于Web安全的防火墙"，Web安全关注应用层的HTTP请求。

传统"防火墙"工作在OSI模型的第三层或者第四层，隔离了外网和内网，使用预设的规则只允许某些特定IP地址和端口号的数据包通过，拒绝不符合条件的数据流入或流出内网，实质上是一种网络数据过滤设备。

WAF也是一种"防火墙"，但它工作在第七层，看到的不仅是IP地址和端口号，还能看到整个HTTP报文，所以能够对报文内容做更加深入细致的审核，使用更复杂的条件、规则来过滤数据。简单来说，WAF就是一种HTTP入侵检测和防御系统。

WAF常用部署方式如图8-4所示。

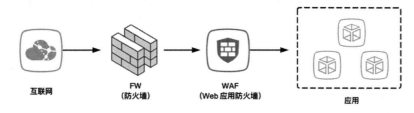

图 8-4　WAF 常用部署方式

通常一款WAF产品要具备以下功能：

（1）IP黑名单和白名单，拒绝黑名单上地址的访问，或者只允许白名单上的用户访问。

（2）URI黑名单和白名单，与IP黑白名单类似，允许或禁止对某些URI的访问。

（3）防护DDoS攻击，对特定的IP地址限连限速。

（4）过滤请求报文，防御"代码注入"攻击。

（5）过滤响应报文，防御敏感信息外泄。

（6）审计日志，记录所有检测到的入侵操作。

更多内容可参考云厂商的WAF产品，具体链接地址：https://help.aliyun.com/document_detail/28518.html。

8.3.2　WAF 的工作模式

WAF的分析和策略都工作于应用层。WAF存在3种工作模式，分别是透明代理、反向代理和插件模式。

1. 透明代理模式

透明代理模式的工作原理是，当Web客户端对服务器有连接请求时，TCP连接请求被WAF截取和监控。WAF偷偷地代理了Web客户端和服务器之间的会话，将会话分成了两段，并基于桥模式进行转发。从Web客户端的角度看，Web客户端仍然是直接访问服务器，感知不到WAF的存在；从WAF工作转发原理看，和透明网桥转发一样，因而称为透明代理模式，又称为透明桥模式。在这个过程中，为了解密HTTPS流量，WAF必须和服务端同步HTTPS对称密钥。

透明代理的优点是容易部署，不需要客户端和服务端进行任何改动。但是，透明代理的缺点也有很多。透明代理本身不是一个Web服务，所以它无法修改或者响应HTTP的请求，只能够控制请求的通过或者拒绝。正因如此，它也无法实现Web服务所提供的认证、内容过滤等功能。

2. 反向代理模式

反向代理要求客户端将请求的目标地址指向WAF，而不是服务端，如图8-5所示。在反向代理工作模式中，服务端接收的请求实际上也是由WAF发起的。在这个过程中，WAF本身就相当于一个Web服务，只不过对所有的HTTP请求都进行了转发。

图 8-5　WAF 反向代理模式

因为反向代理WAF本质上是一个Web服务，所以HTTPS证书可以直接部署在WAF上。WAF在对HTTPS流量解密之后，就可以在内网中用HTTP的形式向服务端发起代理请求。

反向代理同样存在缺点：反向代理WAF一旦宕机，就无法响应客户端的任何请求，这样一来即使服务端仍然正常，但用户已经无法正常应用了，而对于透明代理WAF来说，如果WAF宕机了，只是无法提供Web防护而已，客户端和服务端的通信不会受到任何影响；其次，功能更丰富意味着性能开销更大，因此，反向代理WAF对硬件要求更高。

3. 插件模式

在插件模式中，WAF不再是网络中一个独立的安全产品，而是以插件的形式依附于Web服务端本身，为Web安全提供防护，如图8-6所示。

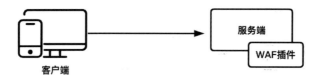

图 8-6　WAF 插件模式

怎么才能将WAF植入服务端的逻辑中呢？最常使用的技术就是AOP。在AOP技术中，WAF可以作为一个切片植入服务端的逻辑中。

8.3.3　Nginx + ModSecurity

ModSecurity是一个开源的、跨平台的Web应用防火墙，被称为WAF界的"瑞士军刀"。它可以通过检查Web服务接收到的数据以及发送出去的数据来对网站进行安全防护。其他WAF产品或多或少受其影响，如OpenWAF。

ModSecurity一开始主要是为了保护Web应用程序而创建的，通过嵌入Web容器中分析数据，阻挡恶意攻击，最初是Apache HTTP的插件，其发展历程如下：

- 2004年，ModSecurity开始商业化。
- 2006年，Thinking Stone被Breach Security收购。
- 2006年，ModSecurity 2.0发布。
- 2010年，Trustwave收购Breach Security。
- 2017年，ModSecurity 3.0发布，支持Nginx。

ModSecurity有以下作用：

- SQL Injection（SQLi）：阻止SQL注入。
- Cross Site Scripting（XSS）：阻止跨站脚本攻击。
- Local File Inclusion（LFI）：阻止利用本地文件包含漏洞进行攻击。
- Remote File Inclusion（RFI）：阻止利用远程文件包含漏洞进行攻击。
- Remote Code Execution（RCE）：阻止利用远程命令执行漏洞进行攻击。
- PHP Code Injection：阻止PHP代码注入。
- HTTP Protocol Violation：阻止违反HTTP的恶意访问。
- HTTPProxy：阻止利用远程代理感染漏洞进行攻击。
- Shellshock：阻止利用Shellshock漏洞进行攻击。
- Session Fixation：阻止利用Session会话ID不变的漏洞进行攻击。
- Scanner Detection：阻止黑客扫描网站。
- Metadata/Error Leakage：阻止源代码/错误信息泄露。
- Project Honey Pot Blacklist：蜜罐项目黑名单。
- GeoIP Country Blocking：根据IP地址归属地来进行IP阻断。

ModSecurity 3.0完美兼容Nginx，是Nginx官方推荐的WAF，该版本将核心功能转移到了名为libmodsecurity的独立引擎中，此引擎通过Nginx连接器连接到Nginx，是Nginx的一个组件，

8

同时Apache也有单独的连接器。

Nginx Plus（Nginx的加强版、扩展版、商业版）带有ModSecurity WAF功能，具体架构如图8-7所示。

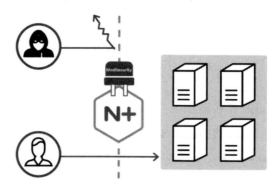

图 8-7　Nginx Plus + ModSecurity 原理

除了商业版的Nginx Plus外，也可以使用开源版的Nginx整合ModSecurity，具体架构如图8-8所示。

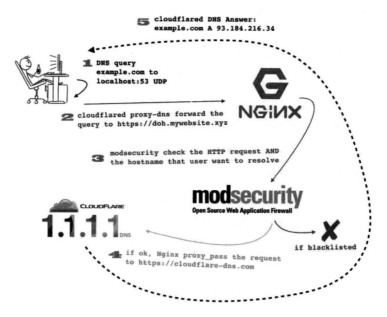

图 8-8　ModSecurity 请求处理流程

ModSecurity包含以下两个核心组件：

- 规则引擎：实现了自定义的SecRule语言，有自己特定的语法。但SecRule主要基于正则表达式，还是不够灵活，所以后来引入了Lua，实现了脚本化配置。

●规则集：ModSecurity源码提供一个基本的规则配置文件modsecurity.conf-recommended，使用前要把它的后缀改成conf。有了规则集，就可以在Nginx配置文件中加载。除了基本的规则集之外，ModSecurity还额外提供一个更完善的规则集，为网站提供全面可靠的保护。这个规则集的全名是"OWASP ModSecurity核心规则集"，简称为"核心规则集"或者CRS。

8.3.4 云厂商安全产品

除了开源的安全产品，比如之前讲到的ModSecurity之外，目前各大云厂商也陆续推出了不同类型的安全产品，比如阿里云的云产品，如图8-9所示。

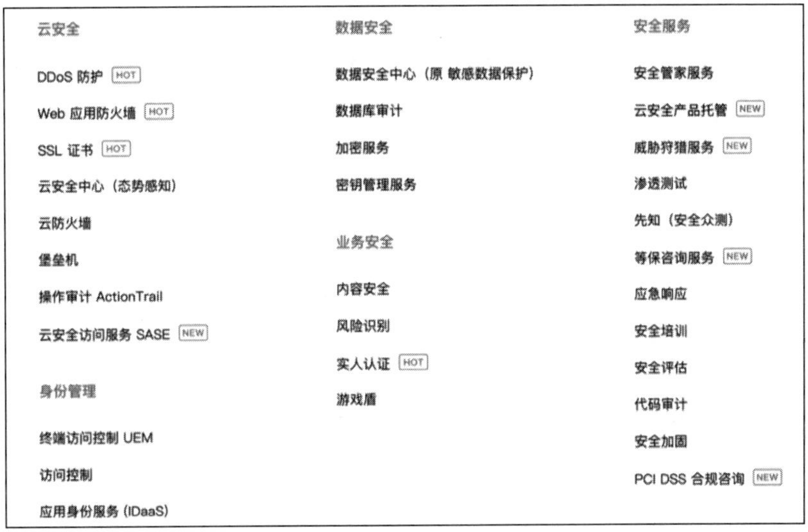

图 8-9 阿里云安全产品

阿里云安全类产品和服务包括云安全、身份管理、数据安全、业务安全、安全服务、安全解决方案等，其中DDoS防护、Web应用防火墙、SSL证书、安骑士、访问控制、游戏盾等是其中的明星产品。这些云安全产品基本能满足企业方方面面的安全需求。还是那句话，如果企业服务已经上云且资金雄厚，对系统安全等级要求高，业务发展极快，推荐直接购买云安全产品。

8

## 第 9 章

秒杀系统案例

本章主要讲解什么是秒杀、最简单的秒杀系统、秒杀系统业务层面控制、CDN静态资源缓存、LVS/Nginx高可用设计、服务拆分/隔离设计、流量削峰/限流/降级、热点数据处理、减库存、容灾以及秒杀系统安全架构，通过这些内容的介绍可以帮助读者将前面章节的知识点串起来。

9.1 什么是秒杀

秒杀系统是网络商家为了促销等目的进行的网上限时抢购活动，比如淘宝的秒杀、一元抢购以及12306的购票等都属于秒杀系统。用户在规定的时间内定时定量地秒杀，无论商品是否秒杀完毕，该场次的秒杀活动都会结束。

秒杀系统具有瞬时流量、高并发读、高并发写等特点，同时还需要保证服务高可用。秒杀时会有大量用户在同一时间进行抢购，瞬时并发访问量突然增加10倍甚至100倍以上都有可能。

并发读的核心优化理念是尽量减少用户到服务端来"读"数据，或者读更少的数据。并发写的处理原则也一样，它要求我们在数据库层面独立出来一个库进行特殊的处理。另外，还要针对秒杀系统做一些保护，针对意料之外的情况设计兜底方案，以防止最坏的情况发生。

因此，打造并维护一个超大流量并发读写、高性能、高可用的系统，在整个用户请求路径上从浏览器到服务端需要遵循几个原则,就是要保证用户请求的数据尽量少、请求数尽量少、路径尽量短、依赖尽量少,并且不要有单点。

秒杀的整体架构可以概括为"稳、准、快"几个关键字(来自前阿里巴巴技术专家许令波老师),所以从技术角度上看"稳、准、快"就对应了我们架构上的高可用、一致性和高性能的要求。接下来将主要围绕这几个方面来展开介绍,具体如下:

- 高可用:就是秒杀系统架构要满足高可用,保证流量无论是符合预期还是超出预期,都不能掉链子,保证秒杀活动顺利完成,这是最基本的前提。同时,还要设计一个Plan B来兜底,以便在最坏的情况发生时仍然能够从容应对。
- 高性能:秒杀系统的性能要足够高,否则无法支撑大量的并发读和并发写,因此支持高并发访问这点非常关键。不止服务端要做极致的性能优化,且整个请求链路都要做协同的优化,每个地方快一点,整个系统就完美了。
- 一致性:秒杀10台手机,那就只能成交10台,多一台、少一台都不行。一旦库存不对,平台就要承担损失,所以"准"就是要求保证数据的一致性。秒杀中商品减库存的实现方式同样关键。可想而知,有限数量的商品在同一时刻被很多倍的请求同时来减库存,减库存又分为"拍下减库存""付款减库存""预扣"等几种,在大并发更新的过程中都要保证数据的准确性。

9.2　最简单的秒杀系统

如图9-1所示,这是一个简单的秒杀系统架构,由秒杀前端页面、Nginx、秒杀服务以及数据库组成,用户在秒杀页面选择自己喜欢的商品进行秒杀,请求经过Nginx反向代理,转发到秒杀服务,秒杀服务处理用户的秒杀请求(包括创建订单、支付等),最后更新秒杀商品相关的数据(包括订单数据、库存数据等)。

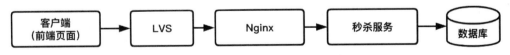

图 9-1　最简单的秒杀系统架构

假如秒杀系统仅仅是公司内部使用,同时在线秒杀的用户数量并不多,这样的架构就足以应付日常的秒杀活动。

根据官方测试,Nginx可以支持50 000个并发连接。在实际的生产环境中,Nginx可以支持

20 000～40 000个并发连接。公司内部的秒杀在Nginx这一层不会存在性能问题。MySQL服务器的最大并发连接数为16 384，受服务器配置和网络环境的限制，实际支持的并发连接数会小一点，当然也足够了。最后就是秒杀服务，一台高性能的Nginx可以顶几万个并发，但一台秒杀服务顶多支撑几百并发。所以，最简单的秒杀系统只适用于几百人的秒杀，如果要支撑更多用户的秒杀，最简单的秒杀系统架构还需要继续优化。

9.3　业务层面控制

上一节我们描绘了最简单的秒杀系统架构，该架构只能支撑几百人的秒杀，比较适合企业内部的秒杀活动。接下来我们从上而下层层优化，主要从业务层面入手。

秒杀系统的业务场景很多，比如令人印象深刻的12306火车票购买、阿里双十一商品秒杀活动等。

每到节假日期间，一二线城市打工人/大学生返乡，几乎都面临着一个问题：抢火车票。抢火车票事实上也是一种秒杀，为了应对高并发流量，12306在业务层面想了很多法子：答题抢票、分时分段、禁用"秒杀"按钮、预约秒杀以及限购等。其中答题抢票、分时分段、禁用"秒杀"按钮在2.8.2~2.8.4节有详细的描述，这里重点介绍预约秒杀和限购。

1. 预约秒杀

在库存有限的情况下，过多的用户参与实际上对秒杀系统的价值是边际递减的。举个例子，1万的苹果手机库存，10万用户进来秒杀和100万用户进来秒杀，对秒杀系统而言，所带来的经济效益、社会影响不会有10倍的差距。相反，用户越多，消耗机器的资源越多，就会导致越多的人抢不到商品，进而导致平台的客诉和舆情压力越大。当然，如果为了满足用户，让所有用户都能参与，秒杀系统也可以通过机器扩容来实现，但是成本太高，ROI（Return On Investment，投资回报率）不高，所以我们需要提前对流量进行管控。

2. 限购

限购就是限制用户购买，秒杀商品价格都比较优惠，必定引起大量用户进行抢购。同时，为了让更多的用户参与并让有限的投放量普及到更多的人，会对商品进行限制。常用的限制方式有：

（1）按照用户维度进行限购，例如用户ID、手机号、设备IP等。同一个用户ID每天只能购买一单，每单只能购买1件。

（2）按照商品维度进行限购，例如秒杀商品支持按照不同地区进行投放，只想投放到北上广，那就只有北上广的用户可以参与抢购，收货地址不是北上广的用户无法进行抢购。

因此，大型秒杀系统通常还要配合限购系统，在秒杀活动启动时，首先会在限购系统中配置活动库存以及各种个人维度的限购策略。然后在用户提单时使用限购系统，通过限购的请求再去做真实库存的扣减，这个时候到库存系统的量就非常小了。

9.4　CDN 静态资源缓存

CDN（Content Delicery Network，内容分发网络）通过缩短访问路径减少源站压力，提高内容响应速度，为源站提供安全保护。CDN也是一种形式的缓存，在 LVS/Nginx的前面，离用户更近，一般做静态资源的缓存。

CDN的配置步骤及运行原理如下：

（1）把需要加速的域名ay.xxx.com添加到CDN中，并指定域名ay.xxx.com的源站，CDN会为ay.xxx.com加速域名生成一个CNAME域名，该CNAME域名指向另一台云服务器。

（2）当ay.xxx.com的请求到达DNS服务器，DNS服务器发现其是CNAME的记录类型时，就把请求转发到这个CNAME域名指向的云服务器，这个云服务器会根据客户端的IP返回一个离客户端最近的CDN节点。

（3）客户端拿到CDN节点的地址向CDN节点发出请求，如果客户端请求的数据已经缓存在CDN中，就直接返回给客户端；如果客户端请求的数据还没有缓存到CDN中，CDN就会回源到ay.xxx.com指向的源站请求数据。

秒杀系统提供的都是一些特定的商品，假设某网站秒杀活动只推出一件商品，预计会吸引1万人参加活动，也就说最大并发请求数是10 000，商品页面大小为200KB（主要是商品图片大小），那么需要的网络和服务器带宽是2GB（200KB×10 000），这些网络带宽是因为秒杀活动新增的，超过网站平时使用的带宽。因此，可以使用CDN技术将静态的资源缓存在CDN中，缩短用户的访问路径，提高内容响应速度，同时也保护源站系统安全，具体如图9-2所示。

9

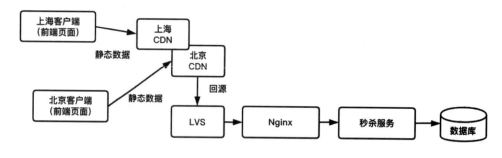

图 9-2　秒杀系统 + CDN 架构

以下我们介绍一下秒杀系统的静态数据和动态数据。

动态数据和静态数据的主要区别是页面中输出的数据是否和URL、浏览者、时间、地域相关，以及是否含有Cookie等私密数据。

- 静态数据：图片、视频以及内容不变的博文，无论哪个用户访问，内容都一样。
- 动态数据：访问某一电商系统的首页，每个人看到的页面可能都是不一样的，首页中包含了很多根据访问者特征推荐的信息，这些个性化的数据就可以理解为动态数据。

这里特别强调，静态数据可以存放的位置很多，比如CDN、Nginx、服务端的Web层。对于大流量系统而言，网络带宽自然就要求得多。在这种情况下，数据必然要放在CDN中。对于一些小的业务系统，由于用的人并不多，整体网络流量要求也少，我们就可以把静态数据直接放到负载均衡服务器（比如Nginx）或应用服务器中去。用户访问一次之后，后续的访问直接走本地缓存就可以了，对系统的压力也不会产生多大的影响。

本节讲述CDN内容只是想让读者知道，在秒杀系统架构中的每一层，我们可以采取哪些措施去优化秒杀系统，至于要不要在秒杀系统中使用CDN，静态数据放在哪里，怎么做最合理，怎么做成本最低，这些都需要综合考虑，并不是一味跟风，别人怎么做我们就要怎么做。最合理的方式是先分析业务逻辑，再判断技术架构怎么实现。

9.5　LVS/Nginx 高可用设计

CDN是距离用户请求最近的技术，再往下就是LVS或者Nginx，在LVS层和Nginx接入层，并没有太多可以优化的，唯一要做的就是保证LVS/Nginx高可用，这部分内容在第5章有完整的描述，进一步优化后的秒杀系统架构如图9-3所示。

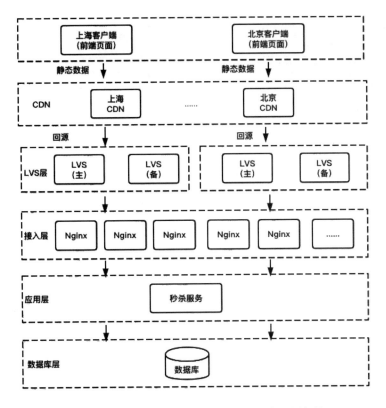

图 9-3　秒杀系统 + CDN + LVS/Nginx 高可用架构

LVS可以使用Keepalived保证LVS主备节点高可用，Nginx不再是单节点，而是使用多个节点组成的集群。可以通过DNS的智能解析将业务系统的访问压力分摊到两个对称LVS组上，再由每个组继续分拆访问压力。业务系统使用不同的域名进行拆分（目前只有秒杀系统一个服务），LVS下方的Nginx服务理论上可以实现无限制地拆分，Nginx本身不需要Keepalived来保证高可用，而是全部交由上层的LVS进行健康检查。

9.6　服务拆分与隔离设计

1. 服务拆分

对于大型的秒杀系统，绝不可能从0到1开发秒杀系统，大型电商系统流量高，业务场景多，肯定会将服务进行拆分，比如拆成商品服务、订单服务、支付服务、用户服务、库存服务等基础服务。而秒杀系统会作为一个新的服务，在系统内部调用这些基础服务，类似于聚合服务，聚合这些基础服务接口，加上秒杀系统特有的业务逻辑，形成秒杀系统，具体架构如图9-4所示。

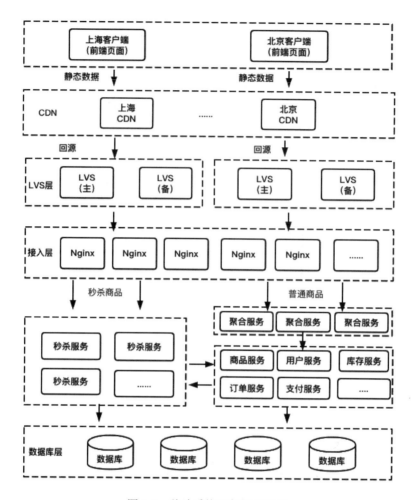

图 9-4　秒杀系统服务拆分架构

将服务进行切分的好处是，即使秒杀系统没抗住大流量挂了，也不会影响其他的服务。这也是高可用的另一种体现。

由图9-5可以看出，秒杀服务由单节点扩展为N节点（集群），一方面保证了秒杀系统高可用，另一方面秒杀服务支撑的并发量呈线性增长。但是有一个前提是秒杀服务必须是无状态服务，关于无状态服务，读者可阅读2.4节的内容。

2. 隔离设计

如果是最简单的秒杀系统（参考9.2节的内容），不需要有相应的隔离策略，但是对于大型的电商平台，由于秒杀系统复用基础服务（商品服务、订单服务等），面对巨大的瞬时流量，流量规模很难预估，很容易导致其他服务出现异常甚至宕机，因此需要一定的隔离策略，防止秒杀服务异常影响其他商品的正常售卖。

大型的电商平台进行秒杀活动之前，一般会有相应的营销策划制定详细的方案，且大部分大型的电商系统都有专门的提报系统（例如京东的提报系统），商家或者业务可以根据自己的运营计划在提报系统里进行活动提报，提供参与秒杀的商品编号、活动起止时间、库存量、限购规则、风控规则以及参与活动群体的地域分布、预计人数、会员级别等基本信息。

提报系统非常重要，商家提报基本信息有助于预估出大致的流量、并发数等，并结合系统当前能支撑的容量情况评估是否需要扩容、是否需要降级或者调整限流策略等。

除此之外，还需要进行系统的隔离。在图9-5中秒杀系统已经是独立的秒杀服务，还可以申请独立的域名、独立的Nginx负载均衡器，流量从秒杀域名进来后，分配到专有的负载均衡器，再路由到秒杀服务，这样就可以将从入口到微服务的流量隔离。

最后就是数据方面的隔离。虽然可以通过不同的域名隔离流量，让不同域名的流量请求到对应的服务，但是秒杀服务和其他聚合的商品服务都是调用基础的商品服务。如何区分商品数据呢？最简单的方法就是给商品表添加标识字段，例如type字段。不同的type字段对应不同的商品类型，1代码秒杀获取商品，2代表普通商品，等等。

除此之外，秒杀服务肯定会申请自己专有的数据库、缓存等资源，避免和普通商品服务混用，可真正做到数据隔离。

9.7 流量削峰、限流和降级

1. 流量削峰

削峰的方法有很多，可以通过业务手段来削峰（参考9.3节的内容），比如在秒杀流程中设置验证码或者问答题环节；也可以通过技术手段削峰，比如采用消息队列异步化用户请求，或者采用限流漏斗对流量进行层层过滤（参考2.8节的内容）。

削峰又分为无损削峰和有损削峰。本质上，限流是一种有损削峰，而引入验证码、问答题以及异步化消息队列可以归为无损削峰。常见的开源消息队列有Kafka、RocketMQ和RabbitMQ等，大厂的基础中间件部门一般也会根据自己公司的业务特点自研适合自己的 MQ 系统。本节从技术层面出发讲解如何通过异步消息队列进行流量削峰，如图9-5所示。

9

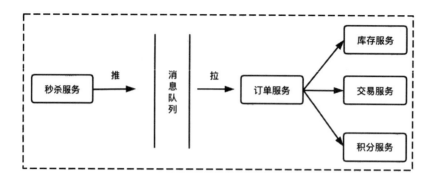

图 9-5　引入异步消息队列进行流量削峰

因此,我们可以将用户同步下订单修改为异步下订单,前端定期去查询秒杀结果反馈给用户。需要注意的是,每个方案都存在利弊,引入MQ能为我们解决削峰、异步和解耦等问题。但是也带来以下问题:

(1)中间件可用性:MQ队列不可用会导致整个链路不可用,严重会造成雪崩。

(2)消息可靠性:消息发送、消费需要得到保障。

(3)消息堆积:消息生产过快,导致MQ中间件压力过大。

(4)消息重复:消费幂等能力支撑。

(5)消息顺序:部分场景要求消费按照顺序执行。

2. 限流

通过消息中间件来进行削峰,是否代表可以不使用限流策略了,答案是否定的。再厉害的系统,总有承载能力的上限,一旦流量突破这个上限,就会引起系统宕机,进而发生系统雪崩,带来灾难性后果。

假设秒杀服务流量是10 000 QPS,订单服务的消费能力只有100QPS。如果活动时间持续比较长,会产生消息堆积过多。一方面,会对消息中间件造成压力;另一方面,消息的有效性也没办法保障。因此,实际场景是流量先经过限流组件(例如Sentinel),再由秒杀系统提交MQ任务。引入限流组件进行限流的原理如图9-6所示。

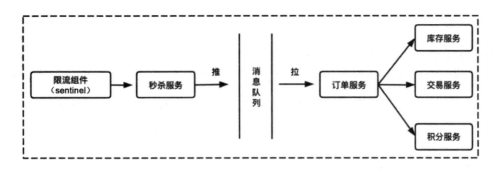

图 9-6　引入限流组件进行流量限流

3. 降级

除了流量削峰和限流之外，在有限的机器资源和超大的流量下，我们只能"弃卒保帅"，对非核心的服务进行降级。很明显，降级是有损的。

（1）业务降级

在秒杀场景下，可以对非核心的功能进行降级，例如优惠券、关注、促销、收藏等功能。秒杀商品页面如图9-7所示。

图 9-7　秒杀商品页面

（2）读服务降级

当Redis缓存出现问题时，可以进行自动或者人工降级（通过修改配置中心配置），快速将请求降级到MySQL数据库上，让数据库暂时承受读请求，如图9-8所示。反之，如果MySQL数据库出现问题，同样可以进行自动或者人工降级，快速将请求降级到Redis缓存上。

（3）写服务降级

写服务降级（见图9-9）可采取的策略有：

（1）同步写操作转异步写操作。

（2）先写入缓存，再异步写数据到DB中。

（3）先写入缓存，在流量低峰定时写数据到DB中。

因此，秒杀服务在流量高峰DB性能扛不住的时候，可以降级为发送一条扣减DB库存的信息，异步进行DB库存扣减，实现最终一致即可。如果DB还有压力，还可以直接扣减缓存，在流量低峰定时写数据到DB中。

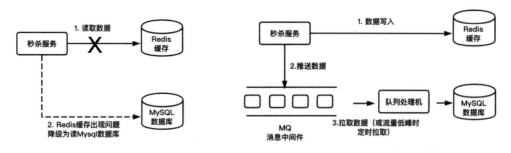

图 9-8　秒杀系统读服务降级　　　　图 9-9　秒杀系统写服务降级

总之，降级与限流有明显的区别，前者依靠牺牲一部分功能或体验保住容量，而后者则是依靠牺牲一部分流量来保住容量。限流的通用性更强一些，因为每个服务理论上都可以设置限流，但并不是每个服务都能降级，比如交易服务和库存服务就不可能被降级，因为没有这两个服务用户都没法购物了。

9.8　热点数据处理

首先，我们来了解一些基本概念。

- 热点：可以分为热点操作和热点数据，"热"就是很受欢迎的意思。
- 热点数据：被频繁访问的数据，反之，就是普通数据或者冷数据。但具体多频繁才可以称得上热点数据，业界没有具体定义，可根据自己系统的吞吐能力而定。
- 静态热点数据：通过大数据分析、历史成交记录等能够提前预测的热点数据。
- 动态热点数据：不能被提前预测，系统在运行过程中临时产生的热点数据。
- 热点操作：秒杀系统中大量刷新秒杀商品页面、下订单等操作。

在进行秒杀活动时，某个特定的秒杀商品无论怎么进行分库分表，或者增加Redis集群的分片数，这个特定的秒杀商品落在某个库上的某个表，或者落在某个具体Redis的分片上，都是固定不变的，这一点非常重要，需要静下心来理解。所以我们把热点数据的处理分为两种情况：读热点数据和写热点数据。

1．读热点数据

首先，能想到的最简单的方法是增加热点数据的副本数（Redis或者MySQL），如图9-10所示。

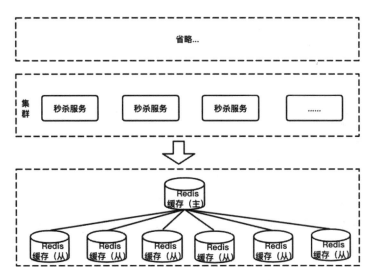

图 9-10　Redis 集群+副本

缺点是：成本高，分片数×副本数是一笔不小的开销。

可以采用第二种解决方案，把热点数据再上移，在秒杀服务集群中做热点数据的本地缓存，让每个秒杀服务中都有一份数据副本，读请求数据的时候无须去Redis获取，直接从本地缓存中获取。数据的副本数和秒杀服务实例数一样多，另外请求链路减少了一层，而且也减少了对Redis单片QPS上限的依赖，具有更高的可靠性和更高的性能，具体如图9-11所示。

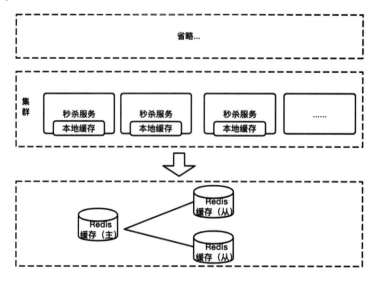

图 9-11   热点数据上移

这种方式热点数据的副本数随实例的增加而增加，非常容易扩展，能扛高流量。不过需要思考一个问题，本地缓存的数据延迟业务是否能够接受？如果能接受，本地缓存的时候可以设置几分钟？如果对延迟要求比较高，可以设置为1s。

本地缓存的实现比较简单，可以用HashMap或者Google提供的Guava组件实现。

2. 写热点数据

写热点数据的主要场景有用户单击"预约"按钮时，"预约人数"会在Redis Key上进行计数操作，当有上百万甚至上千万人同时进行预约的时候，这个Key就是热点写操作。解决办法也很简单，先在秒杀服务JVM内存中进行计数，延迟提交到Redis，这样就可以把Redis的OPS降低几十倍。

9.9   核心的减库存

一提到秒杀，很多读者立马想到的问题就是超卖，库存100件结果卖了1000件。

如图9-12所示，秒杀商品A有15件库存，此时有两个并发请求过来，其中请求用户A要抢购10件，请求B要抢购7件，用户都先调用查询接口，发现库存都够，紧接着都去调用对应的库存扣减接口，两个用户的扣减动作成功，但库存却变成了-2，也就是超卖了。

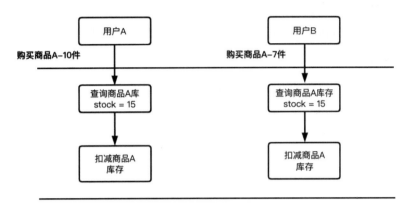

图 9-12　超卖产生的原因

用户秒杀过程一般分为两步：下单和付款。在商品页面单击"立即抢购"按钮，核对信息之后单击"提交订单"按钮，该过程称为下单。下单之后，只有真正完成付款操作才能算真正购买，该过程称为付款。减库存有很多种不同的业务形式：

- 下单减库存，即当买家下单后，从总库存中扣减买家购买的数量。下单减库存是最简单的减库存方式，正常情况下，买家下单后付款的概率会很高，所以不会有太大问题。如果有人恶意下单，让商品的库存减为零，但不会真正付款，这款商品就不能正常售卖了。

- 付款减库存，即买家下单后，并不立即减库存，而是等到有用户付款后才真正减库存，否则库存一直保留给其他买家。但因为付款时才减库存，如果并发比较高，有可能出现买家下单后付不了款的情况，因为可能商品已经被其他人买走了。

- 预扣库存，这种方式相对复杂一些，买家下单后，库存为其保留一定的时间（如10分钟），超过这个时间，库存将会自动释放，释放后其他买家就可以继续购买。在买家付款前，系统会校验该订单的库存是否还有保留：如果没有保留，则再次尝试预扣；如果库存不足（也就是预扣失败），则不允许继续付款；如果预扣成功，则完成付款并实际地减去库存。

下面介绍库存扣减的3种方案。

1. 应用层方案

防止库存超卖最先想到的可能就是锁，如果是一些单实例部署的库存服务，大部分情况下可以使用如表9-1所示的锁或并发工具类。

表 9-1　锁或并发工具类

锁/信号量	实　现	特　点
Synchronized	Monitor	JVM 级别，锁逐步升级
ReentrantLock	AQS + CAS	API 级别，公平/非公平，可中断
Semaphore	AQS + CAS	API 级别，信号量保证并发数量可控

这3个中的任何一个都可以保证同一单位时间只有一个线程能够进行库存扣减，具体代码如下：

```
/**
 * 库存扣减（伪代码ReentrantLock ）
 * @param stockRequestDTO
 * @return Boolean
 */
public Boolean stockHandle(StockRequestDTO stockRequestDTO) {
    //获取库存
    int stock = stockMapper.getStock(stockRequestDTO.getGoodsId());
    reentrantLock.lock();
    try {
        int result = stock > 0 ?
        stockMapper.updateStock(stockRequestDTO.getGoodsId(), --stock) : 0;
        return result > 0 ? true : false;
    } catch (SQLException e) {
        return false;
    } finally {
        reentrantLock.unlock();
    }
}

/**
 * 库存扣减（伪代码synchronized ）
 * @param stockRequestDTO
 * @return Boolean
 */
public synchronized Boolean stockHandle(StockRequestDTO stockRequestDTO){
    //执行业务逻辑
}
```

```
/**
 * 库存扣减（伪代码Semaphore ）
 * @param stockRequestDTO
 * @return Boolean
 */
public Boolean stockHandle(StockRequestDTO stockRequestDTO) {
  try{
      semaphore.acquire();
      //执行业务逻辑
  } finally {
      semaphore.release();
  }
}
```

2. 数据库方案

（1）悲观锁

如果秒杀系统仅仅是公司内部使用，流量也不大，可以直接使用数据库的悲观锁方案。

发生超卖现象的根本原因是共享数据被多个线程所修改，无法保证其执行顺序，如果一个数据库事务读取到一个商品后就将数据直接锁定，不允许其他线程进行读写操作，直至当前数据库事务完成才释放这条数据的锁，就不会发生超卖现象，但是执行效率将大大下降。具体代码如下：

```
@Mapper
public interface ProductMapper {

    @Select("SELECT id, product_name, stock FROM t_product where id=#{id} for
      update")
    Product getProduct(Long id);

    @Update("UPDATE t_product SET stock = stock - #{quantity} WHERE id = #{id}")
    int decreaseProduct(@Param("id") Long id, @Param("quantity") int quantity);
}
```

在select语句末尾添加了for update，这样在数据库事务执行的过程中就会锁定查询出来的数据，其他事务将不能再对其进行读写，单个请求直至数据库事务完成才会释放这个锁。

使用悲观锁的优点是简单安全，但是其性能比较差，无法适用于大型的秒杀业务场景，在请求量比较小的业务场景下是可以考虑的。

9

注意 在MySQL中使用悲观锁必须关闭MySQL的自动提交，即set autocommit=0，MySQL默认使用自动提交（autocommit）模式，即执行一个更新操作，MySQL会自动将结果提交。

（2）乐观锁

乐观锁是相对悲观锁而言的，乐观锁假设数据一般情况下不会造成冲突，所以在数据提交更新的时候才会正式对数据的冲突与否进行检测，如果发现冲突了，则返回给用户错误的信息，让用户决定如何去做。具体代码如下：

```
@Mapper
public interface ProductMapper {

    @Select("SELECT id, product_name, stock, price, version FROM t_product
      where id=#{id}")
    Product getProduct(Long id);

    //引入version字段，实现乐观锁
    @Update("UPDATE t_product SET stock = stock - #{quantity}, version =
      version + 1 WHERE id = #{id} and version = #{version}")
    int decreaseProduct(@Param("id") Long id, @Param("quantity") int quantity,
      @Param("version") int version);

}
```

除了使用version字段外，还可以使用时间戳字段，同样是在表中增加一个时间戳字段，和上面的version类似，也是在更新提交的时候检查当前数据库中数据的时间戳，和自己更新前获取到的时间戳进行对比，如果一致则扣减库存，否则版本冲突，返回失败。

在代码中添加@Transactional事务注解，具体代码如下：

```
@Override
//启动Spring数据库事务机制
@Transactional
public boolean purchase(Long userId, Long productId, int quantity) {
    //获取产品
    ProductPo product = productMapper.getProduct(productId);
    //比较库存和购买数量
    if (product.getStock() < quantity) {
    //库存不足
    return false;
    }
    //扣减库存，加入了Version
```

```
    productMapper.decreaseProduct(productId,
quantity,product.getVersion());
    return true;
}
```

为了防止库存变为负数，可以采取的措施如下：

（1）在应用程序中通过事务来判断，保证减后库存不能为负数，否则就回滚。

（2）直接设置数据库的字段数据为无符号整数，这样减后库存字段值小于零时会直接报错。

3．分布式锁

使用锁机制（悲观锁或者乐观锁）虽然可行，但是性能毕竟差了点，还可以通过Redis或者ZooKeeper来实现一个分布式锁，以商品维度来加锁，在获取到锁的线程中，按顺序去执行商品库存的查询和扣减，这样就同时实现了顺序性和原子性。

使用分布式锁的缺点是，设置锁的有效期时间要非常小心。如果锁的有效期时间设置得太短，那么业务程序还没有执行完，锁就自动释放了，这就失去了锁的作用；而如果时间偏长，一旦在释放锁的过程中出现异常，没能及时地释放，那么所有的业务线程都得阻塞等待，直到锁自动失效。

4．Lua脚本

Redis支持执行Lua脚本。因此，可以将查询和扣减两个命令写在Lua脚本中，保证脚本中的所有逻辑在一次执行中按顺序完成。

Redis执行Lua脚本的命令有两个，一个是EVAL，另一个是EVALSHA。原生EVAL方法的使用语法如下：

```
###EVAL是命令
###script是Lua脚本的字符串形式
###numkeys是要传入的参数数量
###key是入参
###arg是额外的入参
EVAL script numkeys key [key ...] arg [arg ...]
```

但这种方式需要每次都传入Lua脚本字符串，不仅浪费网络开销，同时Redis需要每次重新编译Lua脚本，对于追求性能极限的系统来说不是很完美。所以这里要讲另一个命令：EVALSHA，其原生语法如下：

```
EVALSHA sha1 numkeys key [key ...] arg [arg ...]
```

可以看到其语法与EVAL类似，不同的是这里传入的不是脚本字符串，而是一个加密串sha1。sha1是通过另一个命令SCRIPT LOAD返回的，该命令是预加载脚本用的，语法如下：

```
SCRIPT LOAD script
```

通过预加载命令将Lua脚本先存储在Redis中并返回sha1，下次要执行对应脚本时，只需传入sha1即可执行对应的脚本。完美地解决了EVAL命令存在的弊端。

通过Lua脚本实现扣减库存的代码如下：

```
-- 调用Redis的get指令查询活动库存，其中KEYS[1]为库存key
local stock = redis.call('get', KEYS[1])
-- 判断活动库存是否充足，其中KEYS[2]为当前抢购数量
if not stock or tonumber(stock) < tonumber(KEYS[2]) then
    return 0
end
-- 如果活动库存充足，则进行扣减操作
redis.call('decrby',KEYS[1], KEYS[2])
```

将Lua脚本转成字符串，并添加脚本预加载机制。预加载可以有多种实现方式，一种是外部预加载好，生成sha1配置到配置中心，这样Java代码从配置中心拉取最新的sha1即可；另一种方式是在服务启动时完成脚本的预加载，并生成单机全局变量sha1。

9.10 容 灾

在第6章，我们了解了异地多活的基本概念，异地多活包括：同城异区多活、跨城异地多活、跨国异地多活3种类型。异地多活的容灾方案，类型不同需要付出的成本也不一样。这里主要讨论同城多活的容灾方案。

最简单的容灾方案就是搭建多套相同的系统，当其中一个系统出现故障时，其他系统能快速进行接管，从而持续提供7×24不间断业务。如果只是简单的容灾，可以是机房A承接流量，机房B不承接流量，机房A将数据单向同步到机房B，但机房A出现不可恢复异常时，通过DNS解析技术快速将流量切换到机房B，以达到容灾的效果。

图9-13是另一种同城容灾，机房A和B各承担一部分流量，入口流量完全随机，内部 RPC调用尽量通过就近路由闭环在同机房，相当于两个机房镜像部署了两个独立集群，数据仍然是单点写到主机房A数据库，然后实时同步到机房B。

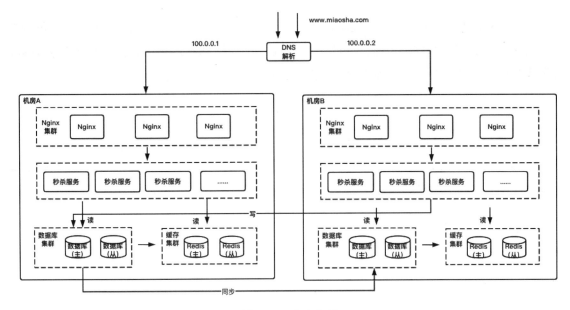

图 9-13　容灾方案

9.11　秒杀系统安全架构

秒杀活动期间，总会有一些"高智商"群体，这类群体有一个好听的名字，叫"黑产用户"，为了获取高额的收益，通过非正常的手段抢购商品，他们会通过第三方软件按时按点帮忙抢购、分析抢购接口并通过程序模拟抢购过程。因此，黑产用户秒杀速度总比普通用户快。黑产用户对秒杀系统的公平性、秒杀业务以及秒杀流量都带来了巨大威胁，我们需要遏制这种行为。

1. 隐藏地址

如果把秒杀抢购按钮的地址暴露在浏览器中，黑产用户就可以通过该URL地址进行恶意请求，因此可以想办法对该地址进行特殊处理，将其变成动态的URL地址，甚至连开发人员都不知道是什么样的。

除此之外，秒杀开始前，秒杀接口地址是隐藏的，用户拿不到真实的接口地址。

2. 请求携带Token

在地址中加入Token（令牌）的概念，当进入秒杀页面的时候，需要请求后端生成对应的Token（Token放入Redis中），下单时需要校验Token是否存在，如果存在才可以下单，下单校验完毕后删除Redis令牌。

对于有先后顺序的接口调用，要求进入下一个接口之前要在上一个接口获得令牌，不然就认定为非法请求。同时，这种方式也可以防止多端操作对数据的篡改，如果在Nginx层做Token的生成与校验，可以做到对业务流程主数据的无侵入。

3. Nginx层限流

如果某一个用户（通过用户ID、IP等区分）的请求次数太夸张，不太像正常人的行为，可以在Nginx层进行限流，通过用户ID或者IP设置限流规则，例如限制每个用户ID1s只允许多少个请求经过。Nginx配置如下：

```
# 定义mylimit缓冲区（容器），请求频率为同一个IP每秒只允许发送 1 个请求（nr/s）
limit_req_zone $binary_remote_addr zone=mylimit:10m rate=1r/s;
server {
    listen  80;
    location / {
        # nodelay 不延迟处理
        # burst 配置超额处理，可简单理解为队列机制
        # 配置缓存3个请求，意味着同一秒内只能允许4个任务响应成功，其他任务请求失败（503错误）
        limit_req zone=mylimit burst=3 nodelay;
        proxy_pass http://localhost:8080;
    }
}
```

4. 黑名单

黑名单分为本地黑名单和集群黑名单两种，顾名思义，就是通过黑名单的方式来拦截非法请求。

那么黑名单从哪里来呢？总体来说有两个来源：一个是从外部导入，可以是风控，也可以是别的渠道；另一个就是自己生成自己用，前面介绍了Nginx有条件限流会过滤掉超过阈值的流量，但不能完全拦截，所以索性就不限流，直接全部放进来。

随后我们实现一套"逮捕机制"，可以利用缓存（比如Redis）去统计1s内这个用户或者IP的请求频率，如果达到了我们设定的阈值，就认定其为黑产，然后将其放入本地缓存黑名单。

黑名单可以被所有接口共享，这样用户一旦被认定为黑产，其针对所有接口的请求都将直接被全部拦截，实现刷子流量的 0 通过。

5. 风控

什么是风控？其实就是针对某个用户，在不同的业务场景下，检查用户画像中的某些数据

是否触碰了红线。一个用户画像的基础要素包括手机号、设备号、身份、IP、地址等。一些延展的信息还包括信贷记录、购物记录、履信记录、工作信息、社保信息等。

这些数据的收集仅仅依靠单平台是无法做到的,这也是为什么风控的建立需要多平台、广业务、深覆盖,因为只有这样才能够尽可能多地拿到用户数据。

像阿里、腾讯这种大厂,其涵盖了非常多的业务线与业务场景,正因为有大量数据的支撑,其风控才可能做得更好。

但对于小公司来说,建立一个风控系统是非常困难且不切实际的。但话又说回来了,小公司可能也不太会在意谁下单快,先保证流量再说吧。

参考文献

[1] https://en.wikipedia.org/wiki/Service-level_agreement.

[2] https://help.aliyun.com/document_detail/155914.html.

[3] https://nacos.io/zh-cn/docs/what-is-nacos.html.

[4] https://www.alibabacloud.com/blog/594820.

[5] https://martinfowler.com/bliki/CircuitBreaker.html.

[6] https://github.com/Netflix/Hystrix/wiki/How-it-Works.

[7] https://github.com/CodisLabs/codis.

[8] https://en.wikipedia.org/wiki/Paxos_(computer_science).

[9] https://zh.wikipedia.org/wiki/Raft.

[10] https://en.wikipedia.org/wiki/Six_degrees_of_separation.

[11] https://en.wikipedia.org/wiki/Gossip_protocol.

[12] https://shardingsphere.apache.org.

[13] https://en.wikipedia.org/wiki/Failure_mode_and_effects_analysis.

[14] https://zh.wikipedia.org/wiki/Cassandra.

[15] https://en.wikipedia.org/wiki/Quorum_(distributed_computing).

[16] https://help.aliyun.com/document_detail/100061.html.

[17] https://help.aliyun.com/document_detail/69068.html.

[18] (美)杰夫·卡彭特，埃本·休伊特.Cassandra权威指南[M]. 北京：人民邮电出版社，2011.8.

[19] 银文杰.高性能服务系统构建与实战[M]. 北京：电子工业出版社，2017.7.

[20] 李智慧.大型网站技术架构核心原理与案例分析[M]. 北京：电子工业出版社，2013.

[21] Andrew S.Tanenbaum，Maartenvan Steen.分布式系统原理与范型[M]. 北京：清华大学出版社，2008.

[22] D.H.Stamatis.故障模式影响分析：FEMA从理论到实践（第二版）[M]. 北京：国防工业出版社，2015.

[23] https://en.wikipedia.org/wiki/Domain_Name_System.

[24] https://elastalert.readthedocs.io/en/latest/.

[25] https://en.wikipedia.org/wiki/Code_review.

[26] https://zh.wikipedia.org/wiki/Gerrit.

[27] https://mysql-mmm.org/mysql-mmm.html.

[28] http://www.linux-ha.org/wiki/Heartbeat.

[29] https://help.aliyun.com/document_detail/127875.html.

[30] https://help.aliyun.com/document_detail/52228.html.

[31] https://en.wikipedia.org/wiki/Denial-of-service_attack.

[32] http://www.modsecurity.cn/.

[33] https://zh.wikipedia.org/wiki/MQTT.

[34] https://github.com/CNSRE/ABTestingGateway.

[35] https://jirak.net/wp/announcing-general-availability-of-the-nginx-plus-with-modsecurity-waf/.

[36] http://thesecretlivesofdata.com/raft/.

[37] https://en.wikipedia.org/wiki/User_experience.

[38] 于君泽，曹洪伟，邱硕.深入分布式缓存：从原理到实践[M]. 北京：机械工业出版社，2017.11.

[39] 雷葆华等.CDN技术详解[M]. 北京：电子工业出版社，2012.6.

[40] https://www.infoq.cn/article/5fboevkal0gvgvgeac4z.

[41] https://help.aliyun.com/document_detail/28401.html.

[42] https://time.geekbang.org/column/article/6283.

[43] https://dev.mysql.com/doc/refman/8.0/en/xa-states.html.